流域水循环与水资源演变丛书

淮河流域干旱形成机制与风险评估

孙 鹏 张 强 姚 蕊 等 著

U0389244

科学出版社

北 京

内 容 简 介

  干旱是水循环系统在特定时段与区域水分收支不平衡导致的水分短缺现象，其频率高、历时长且波及范围广，是对农业、生态及人类社会影响最主要的自然灾害之一。淮河流域地处南北气候、高低纬度和海陆相三种过渡地带的重叠地，是我国气候变化的"敏感区"，形成了淮河流域"无降水旱、有降水涝、强降水洪"的典型区域旱涝特征。本书是在淮河流域干旱的时空演变特征及风险评估多年系统研究的基础上进行总结与提炼而形成的系统性学术成果，全面揭示气候变化和人类活动影响下淮河流域气象、水文和农业干旱过程的时空演变规律，识别影响其干旱变化的主要因素，开展旱灾风险评估研究。

  本书可供水文水资源、气象学科的科研人员、大学教师和相关专业的研究生，以及从事洪旱灾害管理与调控的科研与管理人员参考。

审图号：GS（2020）1159 号

图书在版编目（CIP）数据

淮河流域干旱形成机制与风险评估/孙鹏等著. —北京：科学出版社，2020.6

（流域水循环与水资源演变丛书）

ISBN 978-7-03-065551-6

Ⅰ. ①淮… Ⅱ. ①孙… Ⅲ. ①淮河流域-干旱-形成机制-研究②淮河流域-干旱-风险评价-研究 Ⅳ. ①P426.616

中国版本图书馆 CIP 数据核字（2020）第 105547 号

责任编辑：周　丹　沈　旭/责任校对：杨聪敏
责任印制：张　伟/封面设计：许　瑞

科 学 出 版 社 出版
北京东黄城根北街 16 号
邮政编码：100717
http://www.sciencep.com

北京建宏印刷有限公司 印刷

科学出版社发行　各地新华书店经销

*

2020 年 6 月第 一 版　开本：720×1000 1/16
2020 年 6 月第一次印刷　印张：12 1/4
字数：246 000

定价：129.00 元
（如有印装质量问题，我社负责调换）

前　　言

据 IPCC 第五次评估报告，100 多年来全球平均气温增加 0.85℃，气温上升使得全球干旱呈显著的增加趋势，全球范围的干旱问题日趋严重。干旱成因复杂，从其自身的发生、发展来说，干旱是自然界中影响因素最为复杂，监测和预警预测最为困难的自然现象之一，是气象水文学领域重要的研究内容，更是国内外气象水文学研究的热点与国际学术前沿。

淮河流域地处东亚季风湿润区与半湿润区的气候过渡区域，是南北气候、高低纬度和海陆相三种过渡带的重叠地区，天气系统复杂多变，形成了"无降水旱、有降水涝、强降水洪"的典型区域旱涝特征。淮河流域内人口众多，人均水资源占有量不足全国平均的四分之一，是我国水资源供需紧张和旱情严重的地区之一。同时，淮河流域也是我国重要的商品粮基地，耕地面积约占全国的 10%，平均每年提供的商品粮约占全国商品粮的 1/4。2018 年 11 月，经国务院批准，国家发展改革委印发《淮河生态经济带发展规划》，着力推进淮河流域生态文明建设。明确提出"形成以江河为通道、以物流为纽带或轴心，实现流域内资源的优化和整合，统筹淮河生态经济带的建设规划，打造第四个经济增长极，建成生态文明示范区"。但是随着淮河流域内工农业生产的发展和人口的不断增加，水资源短缺、生态环境恶化等问题越来越突出，引发的社会问题日益严重，亟须开展淮河流域气象水文相关研究工作。

淮河流域气象水文过程研究中，有大量的重要科学问题亟须深入研究和探讨。本书作者长期关注淮河流域相关研究，对淮河流域区域水循环过程中极端气象水文事件开展了全面而系统的研究，先后在国家重点研发计划"不同温升情景下区域气象灾害风险预估"（2019YFA0606900）、国家自然科学基金杰出青年科学基金"流域水循环与水资源演变"（51425903）、国家自然科学基金"水文干旱驱动因子定量识别及对气象干旱的响应研究——以颍河为例"（41601023）和安徽省自然科学基金"基于多源数据的综合干旱监测模型构建与致灾机理研究"（1808085QD117）等科研项目资助下，针对气候变化和人类活动影响，对多源数据融合的淮河流域的气象、水文和农业干旱的时空演变格局和农业干旱风险评估，从气候变化和人类活动等角度揭示干旱形成机制，全面、系统、深入地开展了干旱方面研究，并在国内外学术期刊发表了一系列学术成果，受到国内外学者的广泛关注。本书正是基于上述研究成果，经过进一步梳理、分析、总结、提升而成，是作者对淮河流域气象水文过程研究的阶段性成果总结。

　　在本书的写作过程中，许多人员都为之做了大量的工作，付出了辛勤的劳动；在本书的出版过程中，除了作者以外，安徽师范大学的孙玉燕、夏敏、温庆志和刘果镍等为成书付出了艰辛的劳动，特此致谢！本书是基于现阶段研究工作和创新成果的总结，由于水平有限，书中不当之处在所难免，恳请业内专家、同行批评指正，以促进气象水文学体系更加完善，为我国的水文水资源可持续发展做出更大贡献！

作 者

2020 年 4 月

目　　录

第1章 绪 论

1.1 研 究 背 景

气候变化和人类活动共同构成的"自然-人类"二元耦合系统正在深刻地影响流域水文循环及水资源演变过程与时空格局[1,2]。自然变异及人类强迫共同促使多介质水循环中水汽输送、降水、蒸发、入渗、产流和汇流等重要水循环过程及其相互转化机制发生改变[3]。自然变异系统中的海-气耦合环流失稳引发的海温异常、北大西洋年代际振荡、季风环流变异诱发自然系统对气象要素及大气环流模式的主动调节作用及局地气候被动反馈机制等,均直接或间接影响了水汽输送、降水、蒸发等主要水循环过程[4],进而改变全球水资源及自然灾害的时空格局。人类活动一方面通过土地利用类型转变、农田水利工程建设、城市化扩张等更改下垫面属性,改变蒸发、产汇流等水循环过程[5];另一方面通过温室气体、气溶胶等增强了对自然系统的人为胁迫作用[4],进而影响水循环时空过程及动力学机制。自然、人类的双重耦合调节作用共同引发了水资源形态及数量的时空再分配,一定程度上加剧了洪涝、干旱等自然灾害强度、历时及频率等[6,7],对人类社会及环境造成灾难性影响[8,9]。

从全球范围看,旱灾影响面最广、造成的经济损失最大,且被认为是世界上最严重的自然灾害类型之一,已成为人们普遍关注的世界性问题[10-12]。IPCC发布的《管理极端事件和灾害风险推进气候变化适应特别报告》[13]指出,1950年以来的观测数据表明,世界上很多地区都发生了较以往更剧烈、历时更长的干旱,特别是欧洲南部和西非。而IPCC第四次评估报告[14]指出,全球变暖使全球平均降水增加,但区域差异明显,主要是热带及高纬度地区降水增加,而中纬度地区降水减少。全球持续变暖可能导致中纬度干旱区的干旱化加剧[6,15];另有研究指出,全球变暖已经改变了全球环境干湿变化时空格局[16],南美大陆和大洋洲大陆尽管降水增加,但仍然表现为干旱化趋势,其中温度升高是其表现为干旱化特征不可忽视的原因。以上观点认为热力过程"干会变得更干"是全球变暖背景下副热带及中纬度干旱半干旱区进一步干旱化的主要机制[17]。而事实上,全球变暖背景下干旱化趋势问题仍存在诸多学术争议[18],如Sheffield等[19]认为在过去60年中,全球尺度干旱变化并不显著。其主要观点是,帕尔默干旱强度指数(PDSI)只是利用了简单的潜在蒸发模型,而该模型只对气温变化响应敏感,因此研究结果过高估计了全球变暖影响下的干旱扩大化趋势；在进一步考虑了物理机理，包括能量、湿度和风速等因素后，研究认为在过去 60 年中全球尺度干旱变化并不显著[19]。因此，可以认为，全球气候变暖影响下，全球或区域尺度干旱事件变化存在学术争议的根源在于干旱指标能否真实反映气候变化影响下的干旱过程。这一问题也是本书所要探讨的重要基础理论问题之一。

同时，如何应对和减缓干旱及其影响已成为亟待解决的重大科学问题。国际上，1987 年第 42 届联合国大会通过 169 号决议，确定 1990～2000 年为"国际减轻自然灾害十年"；1989 年第 44 届联合国大会又通过 236 号决议和《国际减轻自然灾害十年国际行动纲领》。在国内，中国在 1989 年 4 月成立"中国国际减灾十年委员会"，其宗旨是响应联合国倡议，积极开展减灾活动，增强全民、全社会减灾意识，提高防灾、抗灾、救灾能力，减轻自然灾害损失，到 20 世纪末达到减少自然灾害损失 30%的目标。在干旱事件众多不利影响中，干旱对农业系统的影响最为明显也最为直接。农业关乎国家粮食安全和社会稳定，因此农业干旱研究成为各国政府和学者共同关注的问题[20]。第三届世界减灾大会确立的未来减灾目标与优先事项中，强调了灾害监测预警及科学防范灾害损失的重要性与迫切性。干旱监测作为减轻农业干旱灾害损失与影响的重要途径，是干旱研究的薄弱环节之一。但是，干旱涉及农业、气象、水文、土壤以及作物生理等多学科、多要素、多时空维度等，同时农业系统又是一个自然系统与人工系统高度交织融合的系统。因而，开展农业干旱监测及致灾成害机理研究存在理论上的重大挑战及技术手段上的瓶颈。

独特的地理位置、人文环境和复杂多样的气候特征决定了我国是一个洪旱灾害频发的国家。随着我国经济建设的飞速发展，公共安全问题日益受到重视，国务院颁发的《国家中长期科学和技术发展规划纲要(2006—2020)》中，公共安全问题是其中重要课题。为有效预防或解决我国当前面临的日益突出的流域水安全和粮食安全等重大科学问题，必须更加重视对水安全及旱灾机制与灾害风险研究的科技发展前沿问题或发展趋势的研究。国家高度重视灾害的监测与防治，2018年 10 月 10 日习近平总书记在中央财经委员会第三次会议发表重要讲话强调，"加强自然灾害防治关系国计民生，要建立高效科学的自然灾害防治体系，提高全社会自然灾害防治能力，为保护人民群众生命财产安全和国家安全提供有力保障……"会议强调，坚持以防为主、防抗救相结合，坚持常态救灾和非常态救灾相统一，强化综合减灾、统筹抵御各种自然灾害①。

在气候变化与人类活动共同作用下，水循环时空异质性、时空变异性及气象水文过程变化强度与动力学机制等，均发生显著变化，因此，现代气象水文灾害

---

① 引自 http://www.xinhuanet.com/politics/2018-10/10/c_1123541018.htm.

的孕灾环境与半个世纪以前相比发生了重大变化。频繁发生的旱灾给中国经济社会发展造成重大损失。20 世纪 90 年代以来，我国因气象灾害造成的经济损失平均每年在 1 千亿元以上。水利部部长陈雷于 2016 年 1 月 15 日在全国防汛抗旱工作视频会议上梳理了"十二五"期间中国水旱灾害总体情况："十二五"期间大范围长历时干旱频发，2011～2013 年西南等地发生连续三年大旱，2011 年长江中下游发生严重夏伏旱，2014 年东北、华北及黄淮部分地区发生严重夏伏旱。据统计，全国农作物因旱受灾面积 59.33×10^{4}km^2、成灾面积 28×10^{4}km^2，因旱造成粮食损失 8996 万 t、经济作物损失 1221 亿元，干旱造成总的直接经济损失达 4325 亿元，有 9393 万人、5334 万头大牲畜发生临时饮水困难[①]。1994 年江淮流域严重干旱及华南与辽南地区严重洪涝造成的经济损失竟达 1800 亿元。干旱与雨涝两种气候灾害最为严重，约占气象灾害总损失的 78%。1990 年，国家科学技术委员会出版的《中国科学技术蓝皮书》第 5 号《气候》，将干旱列为我国气候灾害之首[21]。因此，研究气象水文过程及其灾害效应，探讨人类社会对旱灾响应机制，是当前一项重大科学研究任务，更是国家对旱灾研究的重大科技需求。

1.2　研究目的及意义

淮河流域是我国七大江河流域之一，也是我国水旱灾害十分严重和人地关系最为密切的地区之一。随着全球气候变化影响加大，工业化、城镇化的深入推进，淮河水资源问题日益凸显，频繁的水旱灾害成为影响流域经济、社会发展的重要制约因素。淮河流域地处我国的腹心地带，地理位置优越，自然资源丰富，交通便利，是我国重要的粮、棉、油产地和能源基地，粮食产量占全国的 17.4%，其中小麦产量约占全国的 1/4，是我国重要的粮食生产基地。淮河流域地处南北气候、高低纬度和海陆相三种过渡地带的重叠地区，天气系统复杂多变，大尺度的环流及水汽输送背景对淮河流域的气候特征也存在非常显著的影响，是我国气候变化的"敏感区"，形成了淮河流域"无降水旱、有降水涝、强降水洪"的典型区域旱涝特征[22-24]。据统计[23-26]，淮河流域旱灾比较严重，1949～2015 年旱灾成灾面积呈先上升后下降的趋势，1949～1980 年平均成灾面积不超过 1.33×10^{4}km^2，1981～1990 年平均成灾面积为 1.61×10^{4}km^2，1991～2000 年平均成灾面积为 2.81×10^{4}km^2，2001～2010 年平均成灾面积为 1.02×10^{4}km^2，2011～2015 年平均成灾面积为 0.65×10^{4}km^2。

气候变化将进一步加剧淮河流域水资源供给的不确定性，导致气象水文极值事件和洪旱灾害增加。进入 21 世纪以来，在全球气候变化影响下，淮河流域极端

---

① http://www.xinhuanet.com/politics/2016-01/15/c_128633727.htm.

气候/水文事件发生的频率和强度呈增加趋势。2003年,淮河流域发生了1954年以来规模最大的洪水。2007年淮河流域发生了21世纪以来第二场流域性大水,规模超过了2003年。2008年发生了自1964年以来同期最大春汛,2009年、2010年流域又发生了严重的冬春干旱,2011年发生大旱。总体来看,淮河流域近十几年,水旱灾害交替发生、频繁发生,严重影响和威胁流域国民经济生产发展、人民生命财产和国家粮食安全。2018年,国务院批复《淮河生态经济带发展规划》,淮河流域的经济社会发展上升为国家战略。研究表明,气候变化将进一步加剧淮河流域水资源的紧缺形势和不稳定性。因此,系统进行气候变化与人类活动影响下,淮河流域干旱灾害时空演变特征、成灾机理与灾害风险评估研究,深化认识南北气候过渡地带水循环关键过程和水系统脆弱性机理,对提高淮河流域水系统与生态系统应对气候变化的能力、制定未来气候变化下保障淮河流域经济社会可持续发展的水资源应对性策略具有重要理论与现实意义。

参 考 文 献

[1] Ingram W J. Constraints on future changes in climate and the hydrologic cycle[J]. Nature, 2002, 419(6903): 224.

[2] Oki T, Kanae S. Global hydrological cycles and world water resources[J]. Science, 2006, 313(5790): 1068.

[3] 王浩, 贾仰文. 变化中的流域"自然-社会"二元水循环理论与研究方法[J]. 水利学报, 2016, 47(10): 1219-1226.

[4] Dai A G. Drought under global warming: A review[J]. Wiley Interdisciplinary Reviews Climate Change, 2012, 3(1): 45-65.

[5] 宋晓猛, 张建云, 占车生, 等. 气候变化和人类活动对水文循环影响研究进展[J]. 水利学报, 2013, 44(7): 779-790.

[6] Dai A G. Increasing drought under global warming in observations and models[J]. Nature Climate Change, 2013, 3(1): 52-58.

[7] Huang P, Xie S P, Hu K, et al. Patterns of the seasonal response of tropical rainfall to global warming[J]. Nature Geoscience, 2013, 6(5): 357-361.

[8] Parry M L, Canziani O F, Palutikof J P, et al. Climate Change 2007: Impacts, Adaptation and Vulnerability[R]. Contribution of Working Group II to the Fourth Assessment Report of the Intergovernmental Panel on Climate Change, 2007.

[9] Karl T R, Meehl G A, Miller C D, et al. Weather and Climate Extremes in a Changing Climate. Regions of Focus: North America, Hawaii, Caribbean, and U. S. Pacific Islands[M]. U. S. Climate Change Science Program, 2008.

[10] Wilhite D A, Glantz M H. Understanding the drought phenomenon: The role of definitions[J]. Water International, 1985, 10(3): 111-120.

[11] Zhao T B, Dai A G. The magnitude and causes of global drought changes in the twenty-first century under a low-moderate emissions scenario[J]. Journal of Climate, 2015, 28(11):

4490-4512.

[12] Schwalm C R, Anderegg W R L, Michalak A M, et al. Global patterns of drought recovery[J]. Nature, 2017, 548: 202-205.

[13] IPCC. Managing the Risks of Extreme Events and Disasters to Advance Climate Change Adaptation: A special Report of Working Groups I and II of the Intergovernmental Panel on Climate Change[R]. Cambridge: Cambridge University Press, 2012, 582.

[14] IPCC. Climate Change 2007: The Physical Science Basis[R]. Contribution of Working Group I to the Fourth Assessment Report of the Intergovernmental Panel on Climate Change, 2007: 235-336.

[15] 李新周, 刘晓东, 马柱国. 近百年来全球主要干旱区的干旱化特征分析[J]. 干旱区研究, 2004, 21(2): 97-103.

[16] 马柱国, 符淙斌. 20 世纪下半叶全球干旱化的事实及其与大尺度背景的联系[J]. 中国科学 D 辑: 地球科学, 2007, 37(2): 222-233.

[17] Held I M, Soden B J. Robust responses of the hydrological cycle to global warming[J]. Journal of Climate, 2006, 19: 5686-5699.

[18] 黄建平, 季明霞, 刘玉芝, 等. 干旱半干旱区气候变化研究综述[J]. 气候变化研究进展, 2013, 9(1): 9-14.

[19] Sheffield J, Wood E F, Roderick M L. Little change in global drought over the past 60 years[J]. Nature, 2012, 491: 435-438.

[20] 刘宪锋, 朱秀芳, 潘耀忠, 等. 农业干旱监测研究进展与展望[J]. 地理学报, 2015, 70(11): 1835-1848.

[21] 国家科学技术委员会. 气候[M]. 北京: 科学技术文献出版社, 1990; 18.

[22] 刘可晶, 王文, 朱烨, 等. 淮河流域过去 60 年干旱趋势特征及其与极端降水的联系[J]. 水利学报, 2012, 43(10): 1179-1187.

[23] 水利部淮河水利委员会. 淮河规划志. 淮河志第四卷 [M]. 北京: 科学出版社, 2004.

[24] 水利部淮河水利委员会. 淮河治理与开发. 淮河志第五卷[M]. 北京: 科学出版社, 2004.

[25] 安徽省水利部淮河水利委员会水利科学研究院. 淮河流域旱灾治理关键技术研究[R]. 蚌埠: 安徽省水利部淮河水利委员会, 2012.

[26] 宁远, 钱敏, 王玉太. 淮河流域水利手册[M]. 北京: 科学出版社, 2003.

第 2 章　淮河流域概况

2.1　自然地理概况

2.1.1　地理位置

　　淮河流域位于我国东部，具体位置见图 2-1。淮河流域东面紧邻黄海，西面以桐柏山、伏牛山为界，南面为大别山、江淮丘陵，北以黄河南堤和泰山为界，干流全长约 1000km，流经河南、安徽、江苏、山东 4 省[1,2]。

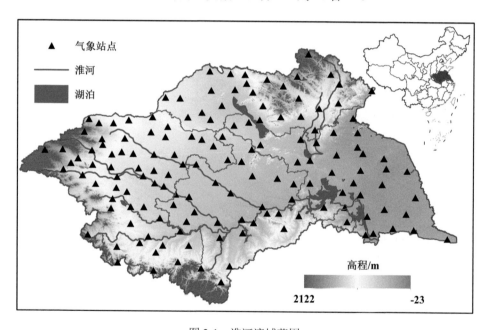

图 2-1　淮河流域范围

2.1.2　地形地貌

　　淮河流域地形大体由西北向东南倾斜，其中大部分地区位于我国第三级阶梯上。流域的西南部、东北部为丘陵山区，其余大部分区域为平原(14.77 万 km²)、湖泊和洼地(3.6 万 km²)。淮河流域的平原、山地、丘陵、湖泊洼地的面积分别占流域总面积的 56%、14%、17% 和 13%，此外，流域内还零星掺杂有喀斯特侵蚀地貌和火山熔岩地貌[3]。

2.1.3　土壤植被

淮河流域的土壤有黄棕壤、褐土、棕壤等类型。淮河流域下游的平原区土壤肥沃，适宜农作物生长。淮河流域的植被类型主要有落叶阔叶林、针叶松混交林、常绿阔叶林等，此外还间有竹林和原始森林。流域内沂蒙山区、伏牛山区和大别山区的森林覆盖率分别为12%、21%和30%。流域内分布的树种主要有苹果、梨、桃、刺槐、泡桐、白杨等，在滨湖沼泽地还分布有芦苇、蒲草等。流域南部作物以稻、麦、油菜等为主，而北部则主要种植小麦、玉米、棉花、大豆和红芋等。

2.1.4　气候特征

淮河流域兼具南北气候特征，北部暖温带，南部亚热带。流域年平均气温为11~16℃，无霜期长达200~240天[3]。淮河流域多年平均降水量在900mm左右，降水量由北向南递增，其中淮河水系的多年平均降水量高于沂沭泗水系。受地形因素影响，流域内的降水高值区主要位于伏牛山区、大别山区和沿海地区。流域淮河水系的多年平均径流深度高于沂沭泗水系，可达237mm。

季风、西风槽、冷涡、台风、东风波、江淮切变线、气旋波等是影响淮河流域的主要的天气系统，其中，东亚季风的影响最重要。春季，流域的降水逐渐增多，这主要是东亚夏季风由南向北推进的结果。夏季，偏南的气流带来的大量暖湿空气使流域降水明显增多。秋季、冬季风向南推进，流域的降水迅速减少。流域的6、7月份还有持久性大范围的梅雨天气，通常梅雨时间长往往会出现洪水。此外，台风、江淮切变线也给流域带来暴雨天气，造成洪涝灾害，如1954年的洪涝灾害就是由江淮切变线带来的大暴雨造成的。

2.1.5　河流水系

淮河流域囊括淮河水系、沂沭泗水系两大水系，废黄河以南为淮河水系，以北为沂沭泗水系。淮河水系起于桐柏山，从河源到洪河口为上游；中游段从洪河口至洪泽湖出口，洪泽湖以下为下游，其中中游段是治淮的关键河段。中华人民共和国成立后，淮河流域兴建了梅山、响洪甸、板桥、白龟山等大型水库，以拦蓄洪水；新建了新汴河、茨淮新河等人工河道，使北岸部分支流的洪水直接进入洪泽湖；修筑了238km的淮北大堤，以防淮河洪水北溢；建有蒙洼、城西湖等22个行蓄洪区[3]。沂沭泗水系支流众多，干流起于沂蒙山，集水面积约8万km^2。沂河从鲁山发源后经临沂，最后汇入骆马湖；沭河从沂山南麓起源，流经大官庄分成老沭河和新沭河两条河流，最后经江苏省石梁河水库至临洪口入海；泗河水系虽然支流众多，但是最后都由新沂河入海[3]。

2.1.6 自然灾害

淮河流域历来是我国气象灾害、地质灾害等多发区域之一[4]，同时由于历史上黄河曾夺淮入海，淮河水系遭到了严重的破坏，加上特殊的地理位置及下垫面条件，流域洪旱、风暴潮等自然灾害频发。淮河流域春夏多旱，淮河上游多以春旱为主，中游以夏旱为主；淮河中游以北地区常出现春夏旱涝交替现象，而上游大部分和中游南部地区的淮河水系则多发生旱涝年际交替现象[1]。

1. 洪灾

淮河流域发生洪灾的频率增大，据统计，从 12 世纪到 13 世纪平均每百年发生水灾 35 次，发展到约平均每两年发生一次洪水。最近 60 年，大型的洪灾更是约 10 年左右发生一次，例如，1950 年、1954 年、1957 年、1975 年的大洪水，这些特大洪水的洪峰流量均很可观。据历史洪水调查资料表明，襄城 1612 年洪水推算流量 5060m³/s，1632 年洪水流量为 5160m³/s。史志资料中，从灾情描述上统计：清朝前特大洪水 21 次，清朝特大洪水 3 次，民国时期以 1931 年洪水最大。此外，淮河不同河段均有洪水灾害发生，中下游段尤为频繁，损失也更为严重。

2. 旱灾

旱灾与洪灾在淮河流域常交替出现。与洪灾相似，淮河流域的旱灾发生频率也增多。近 500 年来，平均每 1.7 年淮河流域就发生一次旱灾，特别是最近的 60 年间，更是每 4 年出现一次大旱，例如，众所周知的 1997 年、2003 年、2009 年、2010 年等大旱之年。仅 1991～1998 年淮河流域因旱成灾农田面积就占全流域耕地面积的 16%，这个比例比 60 年前高出 8%～9%。淮河流域旱灾的强度和频率逐渐加剧，且有重于洪灾的趋势[5]。

2.2 社会经济概况

淮河流域总人口约 1.8 亿人，平均人口密度 615 人/km²，在全国的各大流域中这个比例是最高的[3-5]。淮河流域所辖省份的经济均很发达，根据各省份 2018 年 GDP 排名，江苏省、山东省、河南省位列 2、3、5 位，为经济发达地区，安徽省经济发展较低但增速较快，2018 年的 GDP 增速超过 8%[5]。淮河流域的煤炭产业在我国煤炭产业中具有重要的地位。淮河流域水、陆、空交通发达。流域内不仅有京沪、京九、京广三条南北铁路大动脉穿过，还有著名的陇海铁路横穿流域北部。水路方面除了京杭大运河外，还有东西向的淮河干流及各支流内的水路，航运十分发达。流域内公路四通八达，众多高等级高速公路穿境而过，不仅可以快速到达流域内的各省，更能通向全国各地。在空运方面，国内与国际航线密布，去往全国各地以及国外各地均很方便。

参 考 文 献

[1] 杨志勇，袁喆，马静，等. 近 50 年来淮河流域的旱涝演变特征[J]. 自然灾害学报，2013，22（4）：32-40.

[2] 陆志刚，张旭晖，霍金兰，等. 1960-2008 年淮河流域极端降水演变特征[J]. 气象科学，2011，31（增刊）:74-80.

[3] 水利部淮河水利委员会. 治淮汇刊年鉴 2014[M]. 蚌埠：《治淮汇刊年鉴》编辑部，2014：175-204.

[4] 汪志国，谈家胜. 20 世纪以来淮河流域自然灾害史研究述评[J]. 淮北师范大学学报（哲学社会科学版），2011，32（3）：35-43.

[5] 水利部淮河水利委员会. 流域介绍[EB]. http://www.hrc.gov.cn/main/lyjs.jhtml. 2019-12-06.

第3章　淮河流域极端气温时空变化特征及成因分析

3.1　淮河流域极端气温时空特征及区域响应研究

在全球变暖的背景下，近100年来中国年均地表温度明显升高，升温幅度约为0.9℃/100a，最近50~60年气温增幅为0.23℃/10a，近百年增温幅度及增温趋势皆高于全球平均水平[1]。在中国中东部地区，1909~2010年增温幅度达到1.52℃/100a[2]。气温显著上升加剧了气候系统的不稳定性，导致极端天气事件发生频率增加。因此，区域乃至全球尺度的气温变化研究一直是近几年国内外学界研究的热点。当前对气温变化的研究较多，Christidis等[3,4]的研究表明，全球最高气温、最低气温均表现为上升趋势，极端事件发生的数量、强度不断增加，并且自20世纪50年代以后，该变化更为显著。基于此，本节以淮河流域为例，利用1961~2014年淮河流域气象站日最高/低气温、日均温等数据计算目前国际上常用的26个极端气温指数，对淮河流域气温变化进行全面而系统的分析，并将研究成果在区域乃至全球尺度进行对比，探讨淮河流域在气温上升方面对全球变暖的响应特征。

3.1.1　研究数据和方法

1. 数据

本书使用的是中国气象局的淮河流域气象站点的日最高气温和日最低气温数据，时间跨度从1961年1月1日~2014年12月31日①。缺失部分使用多年相同条数的气温数据单独形成的时间序列，再用样条插值法补齐数据。气候因子：太平洋气候指数主要有WP(西太平洋指数)、WHWP(西半球温水池)、TNI(跨尼罗指数)、SF(太阳能热通量)、SOI(南方涛动指数)、PNA(太平洋北美指数)、PDO(北太平洋海温异常)、OTI(海洋温度指数)、NP(北太平洋模式)、ONI(Oceanic Niño 指数)、Niño2(极端东部热带太平洋温度)、Niño3(东部热带太平洋温度)、Niño3.4(中东热带太平洋温度)、Niño4(中央热带太平洋温度)、NAO(北太平洋震荡)和MEI(多变量ENSO指数)。另外，本书选用NCEP/NCAR提供的500hPa月平均位势高度、纬向风速(U分量)、经向风速(V分量)及陆地温度异常、海温异常，时间跨度均为1948年1月~2018年12月。

---

① 数据均来源于：http://www.esrl.noaa.gov/psd/data/gridded/data.ncep.reanalysis.derived.html。

2. 研究方法

1) 极端气温指数

本书采用由世界气象组织气候委员会、全球气候研究计划气候变化和可预测性计划气候变化检测、监测和指标专家组确定的"气候变化检测指数"[5]，该方法已为国内外极端气候研究所广泛使用。气候变化检测指数包括极端气温指数与极端降水指数。根据本书的研究内容，选取其中 16 种极端气温指数，并结合国内外研究成果[6,7]，提取极端气温的部分特征，对现有极端气温指数进行合理的扩展，总结得出 26 种极端气温指数(表 3-1)。本书将极端气温指数划分为 4 类，分别是极值指数、极端暖指数、极端冷指数、其他指数。

表 3-1　极端气温指数

分类	缩写	名称	定义	单位
极值指数	TXx	最高气温的极高值	月日最高气温的最大值	℃
	TXn	最高气温的极低值	月日最高气温的最小值	℃
	TNx	最低气温的极高值	月日最低气温的最大值	℃
	TNn	最低气温的极低值	月日最低气温的最小值	℃
极端暖指数	TX90p	暖昼日数	年日最高气温(TX)>90%百分位值的日数	d
	TN90p	暖夜日数	年日最低气温(TN)>90%百分位值的日数	d
	SU25	夏日日数	年日最高气温(TX)>25℃的全部日数	d
	SU35	高温日数	年日最高气温(TX)>35℃的全部日数	d
	TR20	热夜日数	年日最低气温(TN)>20℃的全部日数	d
	WSDI	暖昼持续日数	年至少连续 6 天日最高气温(TX)>90%百分位值的日数	d
	HWDI	热浪日数	年至少连续 6 天日最高气温(TX)>最高气温均值 5℃的日数	d
	CSU25	夏日持续日数	年日最高气温连续>25℃日数最大值	d
	CSU35	高温持续日数	年日最高气温连续>35℃日数最大值	d
极端冷指数	TX10p	冷昼日数	年日最高气温(TX)<10%百分位值的日数	d
	TN10p	冷夜日数	年日最低气温(TN)<10%百分位值的日数	d
	FD0	霜冻日数	年日最低气温(TN)<0℃的全部日数	d
	ID0	结冰日数	年日最高气温(TX)<0℃的全部日数	d
	CSDI	冷昼持续日数	年至少连续 6 天日最低气温(TN)<10%百分位值的日数	d
	CWDI	冷日持续日数	年至少连续 6 天日最低气温(TN)<最低气温均值 5℃的日数	d
	CFD	霜冻持续日数	年日最低气温连续<0℃日数最大值	d
	CID	结冰持续日数	年日最高气温连续<0℃日数最大值	d

分类	缩写	名称	定义	单位
	DTR	气温日较差	日最高气温与日最低气温差值	℃
其他指数	GSL	生物生长季	年内第一次出现日均温至少连续 6 日>5℃ 到 7 月 1 日后日均温至少连续 6 日<5℃之 间序列长度	d
	GTavg	生长季均温	生长季节期间气温平均值	℃
	GTmax	生长季最高气温均值	生长季节期间最高气温平均值	℃
	GTmin	生长季最低气温均值	生长季节期间最低气温平均值	℃

2)SEN 趋势估计法

SEN 趋势估计法是由 Sen 等于 1968 年提出的研究长时间序列变化的一种非参数方法。若时间序列存在线性趋势，则可使用 SEN 趋势估计法进行计算，使用 Mann-Kendall 算法对结果进行显著性检验，两者结合能有效降低异常值干扰，增强抗噪性，并在一定程度上提高检验结果的可靠性[8,9]。计算公式如下：

$$\beta = \text{Median}\left(\frac{x_j - x_i}{j - i}\right), j > i, i = 1, 2, 3, \cdots, n \tag{3-1}$$

其中，β 为变化趋势；i、j 为时间序数；x_i 和 x_j 分别表示第 i、j 时间的指数，依据时间顺序排列；Median 为中位数函数。当计算结果 $\beta>0$ 时，表示待分析的时间序列呈现上升趋势；当计算结果 $\beta<0$ 时，表示待分析的时间序列呈现下降趋势。

3)Mann-Kendall 算法

Mann-Kendall 算法是一种非参数统计检验方法，其优点是不需要样本遵从一定的分布，也不受少数异常值的干扰。该方法不但可以检验时间序列的变化趋势，还可以检验时间序列是否发生突变[10]。计算公式如下。

对于具有 n 个样本量的时间序列 x，构造一秩序列：

$$S_k = \sum_{i=1}^{k} r_i \quad (k = 2, 3, \cdots, n) \tag{3-2}$$

其中，

$$r_i = \begin{cases} 1 & \text{当} x_i > x_j \\ 0 & \text{否} \end{cases} \quad (j = 1, 2, \cdots, i) \tag{3-3}$$

秩序列 S_k 是第 i 时刻数值大于 j 时刻数值个数的累计数。在时间序列随机独立的假定下，定义统计量：

$$\text{UF}_k = \frac{\left[S_k - E(S_k)\right]}{\sqrt{\text{Var}(S_k)}} \quad (k = 1, 2, \cdots, n) \tag{3-4}$$

其中，UF$_1$=0。S$_k$ 均值 E(S$_k$) 以及方差 Var(S$_k$) 在 $x_1,x_2,\cdots,x_n$ 相互独立，且有相同连续分布时，可由下式计算：

$$E\left(S_k\right)=\frac{n\left(n+1\right)}{4}$$

$$\text{Var}\left(S_k\right)=\frac{n\left(n-1\right)\left(2n+5\right)}{72} \tag{3-5}$$

UF$_k$ 为标准正态分布，给定显著水平 α，查正态分布表，若 | UF$_k$ |>U_α，表明序列存在一个明显的趋势变化。将此方法应用到逆序列中，重复上述计算过程，并令 UB$_k$=UF$_k$($k=n,n-1,\cdots,1$)，UB$_1$=0。分析绘出的 UF$_k$ 和 UB$_k$ 曲线图，若 UF$_k$ 或 UB$_k$ 的值大于 0，则表明序列呈上升趋势，小于 0 则表明呈下降趋势。当它们超过临界线时，即表示上升或下降趋势显著，超过临界线的范围确定为出现突变的时间区域。若两条曲线 UF$_k$ 和 UB$_k$ 的交点位于临界线之间，则此点对应的时刻就是突变开始的时间。

本书中的各极端气温指数使用 Mann-Kendall 算法检测其趋势的显著性，置信水平设为 95%(α=0.05)。趋势大小使用 SEN 趋势估计值表示，并对计算结果进行插值，差值方法为克里金插值法。此外，本书还使用 Pearson 相关系数对淮河流域各极端气温指数进行相关性分析。

3.1.2　淮河流域极端气温指数变化趋势

表 3-2 为淮河流域 153 个站点 1961～2014 年 26 个极端气温指数的变化趋势。极值指数中，最高气温的极低值(TXn)、最低气温的极高值(TNx)和最低气温的极低值(TNn)在多数站点为上升趋势；TNx 和 TNn 分别在 97 个和 122 个站点呈显著上升趋势，表明淮河流域大部分区域 TNx 与 TNn 均明显增加。淮河流域极端暖指数也普遍呈上升趋势，极端冷指数多呈下降趋势。暖夜日数(TN90p)、夏日日数(SU25)、热夜日数(TR20)、热浪日数(HWDI)整体呈上升趋势，其中 TN90p 和 TR20 分别有 98.04% 和 83.01% 的站点通过显著性检验。冷昼日数(TX10p)、冷夜日数(TN10p)、霜冻日数(FD0)、冷昼持续日数(CSDI)、冷日持续日数(CWDI)和霜冻持续日数(CFD)整体上呈下降趋势，其中 FD0、TN10p、CSDI、CWDI 和 CFD 分别有 96.73%、93.46%、91.50%、90.20% 和 84.31% 的站点通过显著性检验。淮河流域极端冷指数在各站点的变化趋势具有较为明显的一致性。

气温日较差指数(DTR)为日最高气温与日最低气温差值，144 个站点的 DTR 呈下降趋势，且 123 个站点的 DTR 呈显著下降趋势，表明淮河流域 DTR 呈显著缩小趋势。GSL、GTavg、GTmax 和 GTmin 趋势检验通过率均达 80% 以上，其中 GSL 呈上升趋势，GTavg、GTmax 和 GTmin 呈下降趋势。结合极端冷指数来看，随着最低温度的升高和寒冷日数的减少，生物生长季逐渐延长，适宜生

表 3-2   1961～2014 年淮河流域极端气温指数趋势统计

极端气温指数	显著性检验通过率	显著上升站点数	上升趋势站点数	显著下降站点数	下降趋势站点数	无明显趋势站点数	极端气温指数	显著性检验通过率	显著上升站点数	上升趋势站点数	显著下降站点数	下降趋势站点数	无明显趋势站点数
TXx	9.80%	14	69	1	66	18	TX10p	43.14%	0	1	66	152	0
TXn	29.41%	45	153	0	0	0	TN10p	93.46%	0	0	143	153	0
TNx	63.40%	97	142	0	1	10	FD0	96.73%	0	0	148	152	1
TNn	79.74%	122	151	0	2	0	ID0	30.07%	0	0	46	89	65
TX90p	20.26%	31	101	0	51	1	CSDI	91.50%	0	0	140	152	1
TN90p	98.04%	150	153	0	0	0	CWDI	90.20%	0	0	138	152	1
SU25	44.44%	68	153	0	0	2	CFD	84.31%	0	0	129	151	2
SU35	11.76%	13	39	5	67	47	CID	3.92%	0	0	6	10	143
TR20	83.01%	127	147	0	2	4	DTR	81.70%	2	8	123	144	1
WSDI	3.92%	2	14	4	66	73	GSL	83.01%	127	153	0	0	0
HWDI	9.15%	14	139	0	0	14	GTavg	81.70%	0	0	125	153	0
CSU25	3.92%	3	34	3	101	18	GTmax	81.70%	0	0	125	153	0
CSU35	7.84%	8	14	4	23	116	GTmin	83.66%	0	0	128	153	0

物生长的日数逐渐增加，但反映生长季节温度的 3 个指数却呈现下降趋势，下文将做进一步讨论。

此外，多数站点高温持续日数(CSU35)和结冰持续日数(CID)无明显变化趋势，主要由于淮河流域位于亚热带、温带过渡地带，整体气候相对温和，气温较少出现连续多日高温或连续多日最高气温低于 0℃，这与高温日数(SU35)和结冰日数(ID0)所反映的情况相对应。

3.1.3　淮河流域极值指数趋势特征

由图 3-1 可知，各气温极值整体呈上升趋势，淮河流域东部的 TXx 与 TXn 变化较西部区域显著。淮河流域东南部 TXx 呈显著上升趋势[图 3-1(a)]，而淮河流域东部 TXn 呈显著上升趋势[图 3-1(b)]。淮河流域西北部的部分站点 TXx 呈下降趋势。同时，TNx 与 TNn 整体呈显著上升趋势[图 3-1(c)、图 3-1(d)]，且 TNn 比 TNx 变化幅度略大。另外，TNx 在洪泽湖区的站点表现为下降趋势，而洪泽湖区的 TNn 也较其周边地区 TNn 上升幅度略低，可能与湖区对局地小气候的调节作用有关。TNx、TNn 比 TXx、TXn 的上升趋势更为明显，表明淮河流域冬季极端低温事件将减小，温差也缩小。

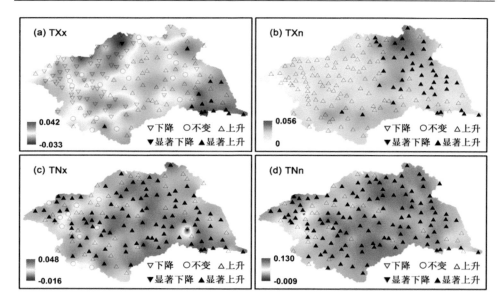

图 3-1　1961～2014 年淮河流域极值指数趋势特征

3.1.4　淮河流域极端暖指数趋势特征

　　TX90p 在淮河流域东部/西部多呈上升/下降趋势 [图 3-2(a)]。其中淮河流域东南部 TX90p 多呈显著上升趋势，淮河流域南部部分区域 TX90p 也呈显著上升趋势[图 3-2(a)]。在淮河流域大部分区域，TN90p、SU25、TR20 和 HWDI 呈上升趋势，但上升幅度各异。其中 TN90p 多呈显著性上升变化[图 3-2(b)]，而 TR20 的增幅最高，最大增幅达 7.1d/10a[图 3-2(e)]，上述两个极暖指数均反映淮河流域日最低气温大于相应阈值的日数增多，日最低气温升高的变化特征。SU25 和 CSU25 的变化趋势存在较大差异，前者为年日最高气温(TX)>25℃的全部日数，后者为年日最高气温连续>25℃日数最大值。对比可知,淮河流域大部分区域 SU25 呈上升趋势[图 3-2(c)]，而 CSU25 多呈下降趋势[图 3-2(h)]，即在普遍升温的情况下，难以连续多日维持较暖气温，反映出淮河流域天气复杂多变、气候冷热交替频繁的特点。SU35、WSDI 和 CSU35 在 47 个、73 个和 116 个站点无明显变化趋势，而上述指数在淮河流域东南部多呈上升趋势，在淮河流域西北部多呈下降趋势[图 3-2(d)、图 3-2(f)、图 3-2(i)]，主要与淮河流域所在纬度、所处气候区及区域内地形有关[11]。

　　在 9 个极端暖指数中，除 CSU25 外，其余各指数在淮河流域东南部大部分区域呈显著上升趋势，主要原因是东南部经济水平较发达，城市化程度相对较高，受城市热岛效应影响明显，导致该区域极端气温上升幅度显著，这与史军等[12]的研究一致。

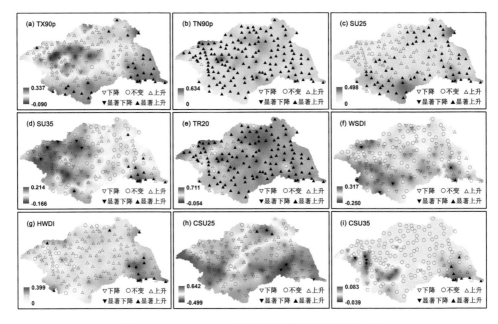

图 3-2　1961～2014 年淮河流域极端暖指数趋势特征

3.1.5　淮河流域极端冷指数趋势特征

　　与极端暖指数普遍上升趋势相反,极端冷指数主要为下降趋势(图 3-3),具体表现为最低气温升高,寒冷日数减少。冷夜日数(TN10p)、霜冻日数(FD0)、冷昼持续日数(CSDI)、冷日持续日数(CWDI)和霜冻持续日数(CFD)等整体均呈下降趋势,且上述 5 个指数在超过 84%的站点上呈显著下降趋势。其中 FD0、CSDI和 CWDI 比其他极端冷指数的变化幅度大[图 3-3(c)、图 3-3(e)、图 3-3(f)],流域内降幅最大的站点分别达到每 10 年下降 10.0d、9.2d、7.1d。有 46 个站点结冰日数(ID0)呈显著下降趋势,且集中分布于淮河流域的东部[图 3-3(d)]。与之对应的是结冰持续日数(CID),该指数大部分站点无明显变化趋势,仅东部零散分布有显著下降趋势的测站,并且变化的幅度较小[图 3-3(h)]。

　　总体上,淮河流域北部地区比南部地区极端冷指数下降幅度大,即北部变暖幅度略高于南部,极端冷事件发生频率降低,尤其是在 CFD 中表现最为明显;东部地区比西部地区显著性检验通过率普遍偏高。再与极端暖指数对比,从变化幅度来看,淮河流域极端暖指数变化幅度小于极端冷指数;从空间分布情况看,淮河流域各极端暖指数多存在一定的区域差异性,东部地区比西部地区升温幅度大,如前文分析，这与城市化、人类活动的区域差异性相关。而各极端冷指数变化趋势在整个流域较为一致，主要原因是全球气候变暖对淮河流域产生较大影响，因此反映了气候变化的整体性特点。

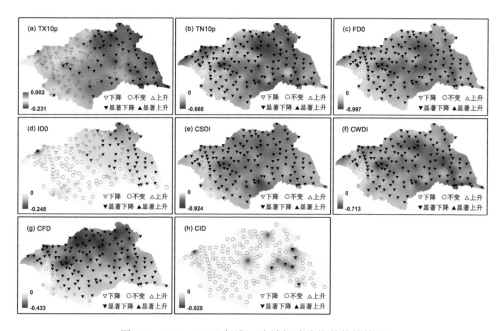

图 3-3　1961～2014 年淮河流域极端冷指数趋势特征

3.1.6　淮河流域其他指数趋势特征

　　气温日较差(DTR)呈显著下降趋势的站点占 80.4%[图 3-4(a)]，但变化幅度较小，除大别山区 DTR 下降趋势不显著外，其他区域 DTR 呈显著下降趋势。另外，洪泽湖区 DTR 为显著上升趋势，与周围区域变化趋势相反。通过与极值指数对比可发现，TNx 在洪泽湖区表现为下降趋势[图 3-1(c)]，而 TXx、TXn 则呈上升趋势[图 3-1(a)、图 3-1(b)]，即最高气温上升、最低气温下降，因此导致气温日较差在洪泽湖区明显上升。

　　生物生长季(GSL)变化幅度较大，各站点中最高增加速率为 7.6d/10a，并有 83.01%的站点通过显著性检验，呈显著上升趋势，集中分布于中东部，西侧边缘区域显著上升趋势站点数较少[图 3-4(b)]。生长季均温(GTavg)、生长季最高气温均值(GTmax)和生长季最低气温均值(GTmin)空间变化趋势基本一致，均呈下降趋势，但变幅较小[图 3-4(c)、图 3-4(d)、图 3-4(e)]。据此推断，随着生长季日数的增加，生长季节初日和终日分别向年初和年末扩展，这其中就包含部分寒冷天数，因此降低了整个生长季的气温；再加上我国东部季风气候在初春时节冷空气活动频繁，经常出现"倒春寒"现象，导致气温骤降，对生长季整体气温变化情况产生极大影响。

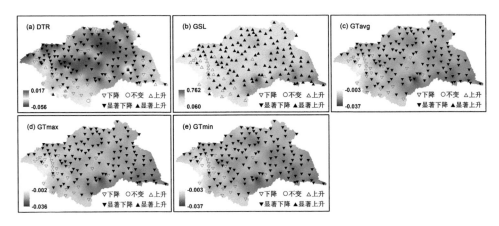

图 3-4　　1961～2014 年淮河流域其他指数趋势特征

3.1.7　淮河流域极端气温指数突变分析

运用 Mann-Kendall 法（M-K 法）对淮河流域极端气温指数进行突变分析（图 3-5），20 世纪 90 年代是突变点发生的高峰之一，如暖夜日数（TN90p）、夏日日数（SU25）、热夜日数（TR20）、冷夜日数（TN10p）、冷日持续日数（CWDI）和生物生长季相关指数（GSL、GTavg、GTmax、GTmin）的突变点分布在 20 世纪 90 年代不同年份且仅发生一次突变。另一突变点发生的高峰在 20 世纪 80 年代，包括最低气温的极低值（TNn）、霜冻日数（FD0）、结冰日数（ID0）、冷昼持续日数（CSDI）、霜冻持续日数（CFD）和气温日较差（DTR）。突变点发生于 20 世纪 80 年代的指数多为极端冷指数，极端冷指数突变发生时间相对早于极端暖指数。20 世纪 80 年代和 90 年代的两个突变高峰可能受 ENSO 事件影响，相关研究表明，El Niño/La Nina 事件在 1980 年以后波动趋势更加剧烈，尤其是 90 年代后，气候变化强度在 ENSO 事件与其他全球气候变暖因子的共同作用下进一步增加[13,14]。此外，最低气温的极高值（TNx）和最高气温的极高值（TXx）突变点分别发生于 2000 年和 2010 年，是单一突变点发生时间较晚的指数。

突变情况较为复杂的指数有热浪日数（HWDI）、夏日持续日数（CSU25）、冷昼日数（TX10p）和结冰持续日数（CID）。这 4 个指数均有 3 个以上的突变点，并且在 2000 年以后均发生多次突变；HWDI 和 CSU25 在 20 世纪 60 年代至少发生一次突变。

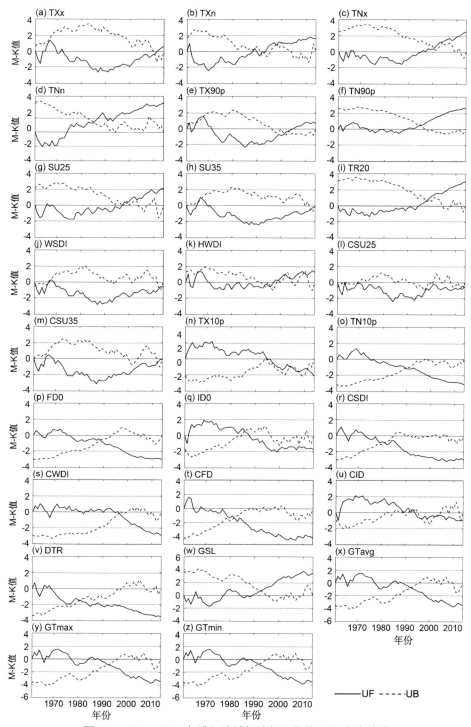

图 3-5　1961～2014 年淮河流域极端气温指数 M-K 突变检验

3.1.8 淮河流域极端气温指数相关性分析

1. 极端气温指数相关性分析

采用 Pearson 相关系数对淮河流域各极端气温指数进行相关性分析(图 3-6)。4 种极值指数中,各极高值与各极低值之间均为不相关,TXx 与 TNx 显著正相关,相关性为 0.60;TXn 与 TNn 显著正相关,相关性为 0.79,且极低值相关性高于极高值。各极端暖指数之间相关性较好,SU35 和 CSU35 之间相关性高达 0.92,相关性较高的极端暖指数还有 SU35 和 WSDI、SU25 和 HWDI、WSDI 和 CSU35 以及 TXx 和 CSU35,相关系数分别为 0.89、0.88、0.87、0.80,并且均通过 0.01 显著性水平检验。极端冷指数中,FD0 与其他冷指数相关性最好,均通过 0.01 显著性水平检验。此外,已通过显著性检验的指数中相关性较好的还有 ID0 和 CID,其相关系数为 0.95。GSL 与生长季温度指数为显著负相关,生长季各温度指数为显著正相关,相关性趋近于完全相关。

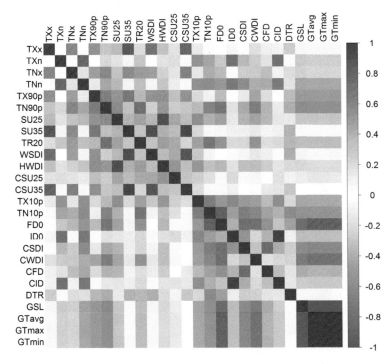

图 3-6　1961～2014 年淮河流域极端气温指数相关关系

对比各类型指数的相关性,TXn 与极端暖指数相关性较差,但与极端冷指数相关性较好,尤其与 CID、ID0 和 TNn 相关程度高,相关系数达–0.82、–0.80 和

0.79。TXx 和 SU35 的相关性为 0.86，说明高温日数随最高气温的极高值的增加而增加。类似的还有 TNn 和 ID0、CID，即低温极值与低温日数正相关。TN90p 和 FD0、TR20 和 TN10p 的相关系数分别为–0.76 和–0.75。总体上看，极端暖指数与极端冷指数为负相关，冷暖指数内部互为正相关，极端冷指数之间的相关性略高于极端暖指数之间，其他指数中的生长季温度指数与极端暖指数呈负相关，与极端冷指数呈正相关。极端冷暖指数中与 GSL 相关性最高的是 FD0，相关性为–0.80，说明随着霜冻日数的显著下降，生物生长期显著延长。

2. 极端气温指数与经纬度、海拔相关性分析

通过分析各极端气温指数与地理位置参数的相关性（表 3-3）可知，多数极端气温指数变化趋势与经纬度、海拔显著相关。FD0 和 CFD 与纬度的相关性高达 0.92 和 0.91，且均通过 0.01 水平的显著性检验，两者变化趋势随着纬度的上升而显著上升，即淮河流域高纬度地区比低纬度地区发生霜冻的天数多。与纬度呈负相关的主要集中于极端暖指数，如 TR20 和 WSDI，其相关性分别为–0.74 和–0.72。GSL 与纬度呈高度负相关，即随纬度升高，生物生长季日数逐渐减小。经度与淮河流域极端气温指数的相关性相对较弱，极端冷指数普遍与经度呈弱的负相关，即淮河流域东部地区寒冷日数少于西部地区，极端暖指数与经度的相关性强于极端冷指数。海拔对淮河流域极端气温指数存在一定影响，具体表现在 ID0 和 CID

表 3-3　淮河流域极端气温指数与经纬度、海拔相关性

极端气温指数	纬度	经度	海拔	极端气温指数	纬度	经度	海拔
TXx	0.27**	−0.64**	−0.13	TX10p	−0.37**	−0.51**	0.18*
TXn	−0.13	0.31**	−0.64**	TN10p	−0.09	0.15	0.04
TNx	−0.41**	0.18*	−0.42**	FD0	0.92**	−0.12	0.29**
TNn	−0.21*	0.01	0.03	ID0	0.44**	−0.18*	0.87**
TX90p	−0.48**	−0.35**	−0.06	CSDI	0.07	−0.10	0.10
TN90p	0.11	−0.12	−0.01	CWDI	0.62**	−0.07	−0.38**
SU25	−0.09	−0.34**	−0.64**	CFD	0.91**	−0.24**	0.31**
SU35	−0.28**	−0.73**	−0.14	CID	0.50**	−0.29**	0.83**
TR20	−0.74**	0.20*	−0.58**	DTR	0.58**	−0.49**	−0.09
WSDI	−0.72**	0.50**	−0.35**	GSL	−0.92**	−0.02	−0.32**
HWDI	0.88**	0.02	−0.05	GTavg	0.10	−0.36**	−0.61**
CSU25	−0.01	0.15	−0.80**	GTmax	0.28**	−0.47**	−0.43**
CSU35	−0.53**	−0.46**	−0.30**	GTmin	−0.33**	0.12	−0.45**

*、**分别表示通过 0.05 和 0.01 水平的显著性检验。

上，海拔越高，发生日最高气温低于 0℃的可能性就越大，这会对农业生产、人类生活造成不利影响。综上，淮河流域极端气温指数最主要受纬度因素的影响，其次是海拔，受经度因素影响最小。

3.1.9　淮河流域极端气温指数区域差异

对国内外不同区域的极端气温指数研究结果进行对比(表 3-4)，总体上各指数的变化趋势基本一致，均反映为最高气温、最低气温增加，极端暖事件发生频率上升，极端冷事件发生频率下降。具体来看，中国大陆极端气温变化为极值指数全面上升，极端暖指数呈上升趋势，极端冷指数相反[15]，与之变化最为接近的是长江流域和秦岭地区。珠江流域和新疆的极端气温变化特征分别在极端冷指数和极值指数上难以得出明显的趋势，这反映当地纬度、地形等存在一定区域特殊性。同样，淮河流域 TXx 和 WSDI 变化趋势不明显，TXx 在流域内东西部差异较大。Alexander[16]对全球极端气温的研究结果与中国大陆的极端气温变化趋势高度吻合，国外各区域中，与全球极端气温变化趋势差异较大的是肯尼亚，其 TX10p 和 TN10p 呈上升趋势。

随着极端气温事件的频繁发生，关于其成因的讨论越发深入，最主要的观点认为全球气候变暖是极端事件频发的主导因素，全球变暖对地表、大气的升温作用加剧了气候系统的不稳定性。本书对比国内外不同区域极端气温变化趋势可知，大范围、全球性的极值气温升高、极端暖指数上升及极端冷指数下降，均体现全球气候变暖趋势是真实的。最新的一些研究发现，近十几年全球变暖趋势趋缓，但极端事件发生的概率并没有因此减少，反而愈演愈烈。这可能是因为在全球变暖的基础之上，同时叠加了长周期(40～60 年)和短周期(数年)的脉动，即年代际尺度和年际尺度波动[17]，从而在气候的冷暖波动过程中极易发生极端气温事件。研究表明，导致近百年全球变暖的主要原因有两方面，一是自然因素下气候的周期性升温，二是人为排放温室气体[18]。人为原因在淮河流域极端气温指数的空间变化趋势中反映较为显著，受城市化影响，淮河流域东南部增温趋势明显大于其他区域。并且，根据 IPCC 第五次评估报告中 CMIP5 模式评估结果，人类贡献很可能造成全球大部分陆地区域更频繁的热日与热夜、更少的冷日和冷夜，并可能造成全球大部分陆地区域热浪的频率增加和时段的延长[19]。因此，在全球变暖的背景下，研究淮河流域极端气温时空演变规律有助于应对极端气温灾害、预测未来气候变化趋势，有助于合理开发、利用本地区气候资源，促进淮河流域社会经济的可持续发展。

表 3-4　淮河流域主要极端气温指数与其他区域趋势对比

极端气温指数	国内							国外					全球
	淮河流域	长江流域	秦岭	珠江流域	黄河流域	新疆	中国大陆	蒙古	塞尔维亚	意大利	肯尼亚	美国	
TXx	○	↗	↗	↗	↗	○	↗	↗	↗	—	—	↗	↗
TXn	↗	↗	↗	○	↗	○	↗	↘	↗	—	—	↗	↗
TNx	↗	↗	↗	↗	↗	○	↗	↗	↗	—	—	↗	↗
TNn	↗	↗	↗	↗	↗	○	↗	↗	↗	—	—	↗	↗
TX90p	↗	↗	↗	↗	↗	↗	↗	↗	↗	—	—	↗	↗
TN90p	↗	↗	↗	↗	↗	↗	↗	↗	↗	—	—	↗	↗
SU25	↗	↗	↗	—	↗	↗	↗	↗	↗	—	—	↗	↗
TR20	↗	↗	↗	↗	↗	↗	↗	↗	↗	—	—	↗	↗
WSDI	○	↗	↗	↗	↗	↗	↗	—	↗	—	—	↗	↗
TX10p	↘	↘	↘	○	↘	↘	↘	↘	↘	—	—	↘	↘
TN10p	↘	↘	↘	↘	↘	↘	↘	↘	↘	—	—	↘	↘
FD0	↘	↘	↘	↘	↘	↘	↘	↘	↘	—	—	↘	↘
ID0	↘	↘	↘	↘	↘	↘	↘	↘	↘	—	—	↘	↘
CSDI	↘	↘	↘	↘	↘	↘	↘	↘	↘	—	—	↘	↘
DTR	↘	↘	↘	↘	↘	↘	↘	↘	↘	—	↗	↘	↘
GSL	↗	↗	↗	○	↗	↗	↗	↗	↗	—	—	↗	↗

注：↗表示该指数整体呈上升趋势，↘表示该指数整体呈下降趋势，○表示该指数无明显趋势，—表示为无数据。

3.2　非平稳性条件下淮河流域极端气温时空演变特征及遥相关、环流特征分析

IPCC 第五次评估报告指出，近 100 多年来全球气温平均增加 0.85℃，预计未来 100 年全球气温可能上升 0.3～4.8℃[20]，气候变化和人类活动综合影响全球水文循环过程及水资源的时空分布特征，进而影响全球气象水文极端事件发生的强度和频率。气候极端事件通常与灾害风险相关，会带来大量的经济损失，丁一汇院士预计到 2030 年，高温热浪将成为气候的新常态①。在当前全球变暖背景下，极端气温对于全球变暖的响应规律亟须加强研究，以揭示区域极端气温的演变规律和时空分布特征[21]。目前，国内外针对极端气温的研究很多，Zhang 等[22]基于广义极值分布拟合中国极端气温，发现在大多数地区，温暖(寒冷)极端的频率增

①引自 https://baijiahao.baidu.com/s?id=1612033755376188600&wfr=spider&for=pc.

加(减少)，1971 年极低气温的重现期为 500 年；Shi 等[23]和 Ding 等[24]研究发现，中国和三江源地区开展的极端气温研究中年最小和最大温度呈显著的上升趋势；Zhang 等[25]和 Sun 等[26]研究表明淮河流域最低气温极高值与最低气温极低值呈大范围显著上升趋势。东南部城市化率高引起的热岛效应是极端暖指数在淮河流域东南部呈显著上升趋势的主要原因[25,26]。叶金印等[27]和王景才等[28]学者通过趋势线、周期性等统计方法揭示流域内年平均气温变化有显著的空间差异性，南四湖地区、淮河干流中下游为气温显著上升区；山区最高气温上升缓慢，而最低气温上升明显。

淮河流域地处东亚季风湿润区与半湿润区的南北气候过渡区域，是南北气候、高低纬度和海陆相三种过渡带的重叠地区，天气系统复杂多变[28]，气象和水文现象随时间的变化往往受多种因素的综合影响，大都属于非平稳序列[29]。Milly 等[30]认为，变化环境下的"平稳性"假设已不再适合作为水资源风险评估的默认假设，采用现有水文过程分析方法将会面临由变化环境带来的设计频率失真风险。传统的平稳性频率分析方法和统计方法不能完全准确地揭示淮河流域气象极端事件的演变规律和概率特征。对于非平稳的频率分析研究方法有很多[30-34]，需要一个相对简化的非平稳极值研究方法，通过构建一种分布函数的参数随时间变化的参数函数，进而模拟非平稳的极端时间序列[35-37]。

目前，国内外极端气温的研究重点在于极端气温的趋势线、周期性等统计特征，对于极端气温非平稳性研究较少，鲜有在淮河流域开展的分区域研究。对淮河流域极端气温与气候因子的遥相关分析研究较少。淮河流域地处南北气候过渡带，其复杂的天气系统决定了对淮河流域非平稳性的分析方法进行分区研究显得尤为必要。因此，本书基于 1961～2016 年加密的 149 个气象站点的日最高和日最低气温，利用空间 Ward-like 层次聚类分析和优化的非平稳性频率模型开展淮河流域分区的极端气温特征研究，并揭示气候因子对其的影响。该研究可为理解气候变化下流域内的极端气温的响应规律，促进流域经济社会的可持续发展提供有力的支撑。

3.2.1 研究方法

1. 优化的非平稳性(transformed-stationary)极值分析

非平稳性极值分析的方法很多且争议也比较大，但是对于平稳性的极值分析如广义极值分布(GEV)等方法应用比较广泛。本书在基于应用较广泛的 GEV 模型的基础上，构建优化的非平稳性极值分析方法，优化的非平稳性方法包括两个步骤[38]：将时间序列 $y(t)$ 转换为一个固定的 $x(t)$，之后执行一个平稳性的极值分析，并将最终的转换平稳的序列转换成一个依赖于时间序列的值。将 $y(t)$ 转换成

$x(t)$：

$$x(t) = f(y,t) = \frac{y(t) - \mathrm{tr}_y(t)}{\mathrm{ca}_y(t)} \qquad (3\text{-}6)$$

其中，$\mathrm{tr}_y(t)$ 是一个级数的趋势，也就是级数长期缓慢变化的趋势；而 $\mathrm{ca}_y(t)$ 则表示长期变化缓慢的置信区间的振幅，即代表了 $y(t)$ 的振幅。特别地，如果 $\mathrm{ca}_y(t)$ 等于长期变换的标准差 $\mathrm{std}_y(t)$，式 (3-6) 将减少到一个简单的时间变换信号，公式将修改为

$$x(t) = f(y,t) = \frac{y(t) - \mathrm{tr}_y(t)}{\mathrm{std}_y(t)} \qquad (3\text{-}7)$$

因此，假设 $\mathrm{ca}_y(t)$ 等于长期变换的标准差 $\mathrm{std}_y(t)$，所有的时间序列假设都可以扩展到任何时间变化的置信区间 $\mathrm{ca}_y(t)$。

作为平稳时间序列的必要条件，式 (3-7) 要求时间序列的平均值和标准差在时间上是一致的，保证 $x(t)$ 在时间上保持平稳。$y(t)$ 转换成 $x(t)$ 后平均值为 0，方差为 1。

在非平稳性分析之前，将时间序列进行平稳性检验，如果转换后的 $x(t)$ 偏度和峰度随时间序列变化大致是恒定的（变化范围不超过 2），那么 $x(t)$ 在时间上是静止的，并且极值可以由一个平稳性的极值分布进行拟合。一旦验证了 $x(t)$ 的平稳性假设之后，通过最大似然估计量估计 GEV $G_X(x)$ 最佳拟合极值。$G_X(x)$ 计算公式：

$$G_X(x) = \mathrm{Pr}(X < x) = \exp\left\{ -\left[1 + \varepsilon_x \left(\frac{x - \mu_x}{\sigma_x} \right) \right]^{-1/\varepsilon_x} \right\} \qquad (3\text{-}8)$$

其中，形状参数 ε_x、尺度参数 σ_x、位置参数 μ_x 并不随时间的变换而变化。为了找到时间相关分布 $G_Y(y,t)$ 区拟合非平稳时间序列 $y(t)$：

$$G_Y(y,t) = \mathrm{Pr}[Y(t) < y] = \mathrm{Pr}[f^{-1}(X,t) < y] = \mathrm{Pr}[X < f(y,t)] = G_X[f(y,t)] \qquad (3\text{-}9)$$

其中，$f(y,t)$ 指通过式 (3-6) $y(t)$ 转换成 $x(t)$；$f^{-1}(X,t)$ 是逆函数。

$$f^{-1}(x,t) = y(t) = \mathrm{std}_y(t) \cdot x + \mathrm{tr}_y(t) \qquad (3\text{-}10)$$

因此，可以从 $G_X(x)$ 中计算 $G_Y(y,t)$，因为 $f(y,t)$ 是 y 随时间 t 变换的单调递增函数，而 $\mathrm{std}_y(t)$ 总是正值。

当然，修正的非平稳性方法对平稳时间序列是无影响的，也就是说将非平稳转换的方法应用到平稳的时间序列中，会产生与具有相同的基础统计模型的平稳性极值分析相同的结果。因为在这样一种情况下 tr_y 和 std_y 是恒定的，而变换公式 (3-7) 将减少到一个恒定的平移和放缩。

2. 空间 Ward-like 层次聚类分析

以往的聚类方法应用到地理空间上时，Oliver 和 Webster[39]以及 Bourgault 等[40]建议将一个修正过的不同矩阵运用到聚类算法中，这个矩阵是地理的空间距离和非地理的变量以不同的权重形成的组合，但是这种方法客观性较差。Ambroise 等[41]提出了一种基于期望-最大化算法的马尔可夫聚类算法，修正了参数对空间权重的计算，以马尔可夫聚类算法来客观地进行空间聚类分析。与此相似的，Miele 等[42]提出了基于模型的空间约束法，即在集群的过程中通过参数的最大似然估计值加入地理约束。但上述这些地理分区方法的地理约束均采用的是领域的约束方法。

Ward-like 层次聚类算法是由 Chavent 等[43]修正的空间聚类方法，使用两个不同的矩阵 $D1$ 和 $D2$ 进行聚类分析。与其他的聚类不同之处在于，引入了一个混合参数 $a=[0,1]$，考虑了在不同的地理空间相同距离的两个观测值的权重是不一样的。$D1$ 表示聚类数据的"特征空间"矩阵，$D2$ 表示聚类数据所对应的地理空间的距离矩阵。混合参数 a 将表征聚类过程地理约束的权重，在每个聚类的变化过程。当 a 增加时 $D1$ 矩阵的同质性降低，$D2$ 地理空间要素的同质性就升高。混合参数 a 的加入使得在确定地理空间要素的权重时不会变得不合理，因此本书采用 Ward-like 层次聚类算法对极端气温进行分区研究。

3. 趋势分析

趋势度检验法广泛应用于气象及水文过程的非参数趋势分析方法[44,45]。M-K 法对数据样本分布不做要求，特别适合于非正态分布的时序数据，此外其能够避免时间序列数据缺失对分析结果的影响，并能剔除异常值的干扰。对于极端温度的时间序列，$i=1,2,3,\cdots,n$，SEN 趋势公式同式(3-1)，其中，β 表示 SEN 趋势，为综合干旱指数增强或衰减程度，$\beta>0$ 显示极端气温有增加趋势，反之亦然。SEN 趋势显著性判断采用 M-K 法及测定各种变化趋势的起始位置。

3.2.2　淮河流域空间分区及典型站点趋势分析

淮河流域地处南北气候过渡带，天气系统复杂，因此本书采用空间 Ward-like 层次聚类算法和淮河流域站点的日最高温的平均值和日最低温的平均值，对集群分类数量和分类加权平均[44]的关系进行统计。将淮河流域的最高气温分为四个区域，最低气温分为三个区域(图 3-7)。图 3-7 中显示出最高温度的分区为东西向的分区，这也反映出距离海洋的远近会影响最高温度的变化及水分的变化对最高气温的响应。而最低气温则是南北分布的，这也体现了纬度的高低对最低气温的影响。利用上述的空间分区方法对淮河流域的最高气温和最低气温进行站点分区，

之后利用每个分区的站点的相关性进行聚类，选择每个分区的典型代表站点
(图 3-8)进行极端气温研究。最高气温筛选出 16 个典型站点(图 3-8)，最低气温
筛选出 12 个典型站点进行淮河流域的非平稳性极端气温分析。

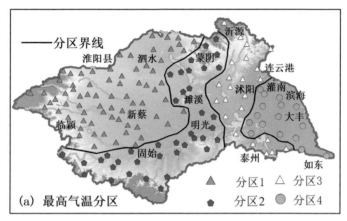

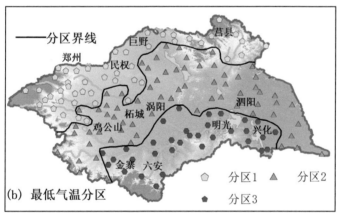

图 3-7　最高气温和最低气温 Ward-like 层次聚类分区结果图

　　利用简化的非平稳性方法，先将典型站点年最高气温的时间序列进行滑动趋
势分析，然后求出滑动后时间序列的方差范围作为这个时间序列的振幅。图 3-9
为原始时间序列的趋势和方差，可以看出，分区 1[图 3-9(a)和图 3-10(a)]的四个
站点均呈现出轻微下降的趋势，但是年最高气温出现的频率呈波动变化规律，泗
水在这个时间段没有超过 40℃以上的年最高气温，淮阳和临颍分别出现了 12 次
和 13 次；在 1980~2000 年新蔡超过 40℃的高温出现了 5 次，但是出现的年份主
要集中在 1980~1990 年；泗水和临颍在 1980~1990 年均没有出现超过 40℃以上
的年最高气温；但是在 2000 年以后新蔡站没有出现过超过 40℃以上的高温，泗

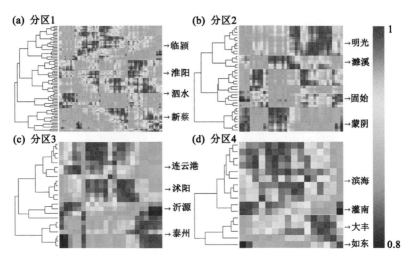

图 3-8　淮河流域最高气温站点相关性

水、淮阳和临颍在这个时间段内超过 40℃高温的分别有 5 次、4 次和 7 次；1961～
1980 年极大值到达 43℃，而 2000 年后极大值为 41℃。分区 2[图 3-9(b)和图
3-10(b)]只有固始站点为上升趋势，其余站点呈现下降趋势；但是其规律基本与
分区 1 一致，均呈现出阶段性的变化特征。分区 3[图 3-9(c)和图 3-10(c)]和分区
4[图 3-9(d)和图 3-10(d)]所有站点均为上升趋势，其变化的规律也与分区 1 和分
区 2 不同；1961～1980 年均没有超过 40℃的高温，但超过 38℃的高温为 5 年一
遇；而 2000 年后极端气温出现越来越集中，泰州、如东和大丰三个站点越来越集
中在 38℃，其余的站点集中在 36℃。因此用平稳性的极值分析方法很难研究出其
中的规律，极高气温呈现出阶段性的特征变化。

　　利用简化的非平稳性方法将非平稳的极端温度的时间序列转化为平稳的
时间序列，将时间序列转换成均值为 0、标准差为 1 的平稳性时间序列，并且
偏度和峰度随着时间序列基本没有变化，这些指标就表示了平稳序列的转换成
功。从图 3-9、图 3-10 和图 3-11 的对比可以看出，转换后的时间序列变化幅
度比原始时间序列小，转换后的时间序列没有了显著上升或者下降的趋势，其
峰度和偏度不会随着时间的变化而变化。因此，时间序列成功地转换成平稳性
的时间序列。

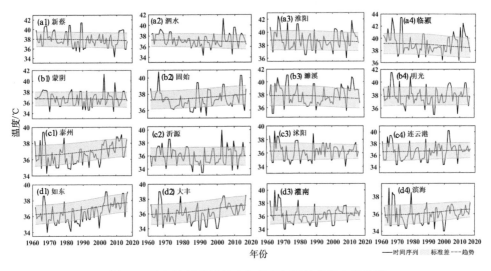

图 3-9　淮河流域典型站点年最高气温趋势和方差分析

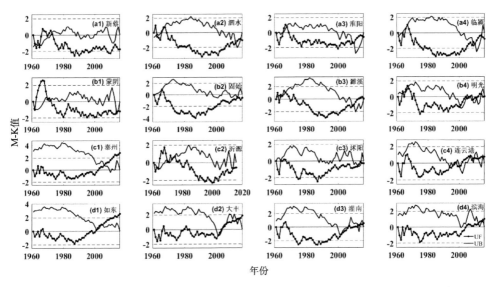

图 3-10　淮河流域典型站点年最高气温 M-K 突变检验分析

3.2.3　非平稳性条件下的淮河流域极端气温频率分析

图 3-12(a) 为分区 1 的概率密度分布，四个站点出现概率最高的温度均呈下降趋势，平均降低到 37.6℃，降幅达 0.6℃，其中临颍下降幅度(0.9℃)最大，由 39.1℃下降到 38.2℃。新蔡和泗水高温出现概率也从 0.5 分别降到 0.46 和 0.42，这说明新蔡和泗水年最高气温在减小且发生概率在降低。然而淮阳和临颍高温出

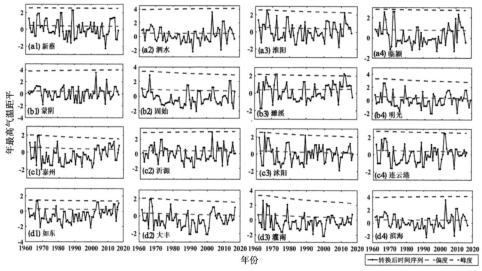

图 3-11　年最高气温时间序列简化非平稳方法转换时间序列分析

现概率却呈增加趋势，由 0.41 分别增加到 0.49 和 0.50。而且，尽管淮阳和临颍最高气温降低，但是仍然维持在 38.2℃，淮阳和临颍高温风险仍然很高。分区 2 [图 3-12(b)]高温发生概率的高值区域只有固始是上升的，从 37.2℃上升到 37.9℃，其余三个站点均是下降的，降幅达 0.30℃。蒙阴和固始高温出现概率呈减小趋势，分别从 0.49、0.50 减小到 0.41、0.45。而濉溪与明光表现与前者相反，高温出现概率呈增加趋势，分别从 0.45 和 0.36 增加到 0.50 和 0.48。分区 3[图 3-12(c)]和分区 4[图 3-12(d)]极端高温的发生概率存在三种变化：①泰州、如东、大丰、灌

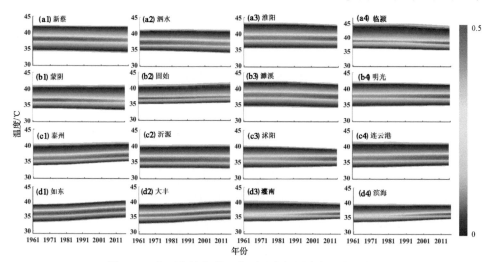

图 3-12　非平稳性条件下典型站点年最高气温发生概率

南和滨海，出现概率最高的温度均从 35.6℃上升到 37℃左右，发生的概率也从最低的 0.20 上升到 0.50。②沂源站的高温出现概率没有发生变化，温度也没有出现明显的变化。③沭阳和连云港虽然温度没有明显的变化，但是高温的发生概率呈增加趋势，沭阳的发生概率从 0.31 增加到 0.46，连云港的发生概率从 0.40 增加到 0.47。

结合分区的空间分布，分区 1 和分区 2 是在淮河流域的中西部，虽然两个分区概率最高的温度均呈现下降的趋势(8 个站点仅固始站为上升趋势)，但是温度均在 38℃以上，且发生概率呈增加趋势。分区 3 和分区 4 是淮河流域沿海的区域，其概率密度分布的趋势主要有两种，一种是基本不变(分区 2 的蒙阴、濉溪、明光)，另外一种是上升趋势(分区 2 的固始和分区 4 的代表站点)，但是出现概率最高所对应的温度均在 37℃以下。从空间上分析，距离海洋的远近是影响淮河流域最高气温的一个重要因素。结合高温的出现概率，16 个站点中有 10 个站点的高温出现概率在 1961～2016 年逐年增加。

利用分析淮河流域年最高气温的方法和思路来分析淮河流域年最低气温。年最低气温的概率密度变化基本不大，发生概率为 0.4，年最低温度的变化幅度在 15℃左右，最低为–20.1℃，最高为–4.7℃。民权站 1961～2016 年的最低气温的出现概率呈显著降低趋势，发生概率从 0.5 降低到 0.2，温度变化幅度从–15～–7℃发展到–20～–6℃。对比最高气温和最低气温的发生概率，最低气温的波动幅度(15℃)远大于最高气温(5℃)。从变化趋势看，分区 1 的巨野、分区 2 的泗阳和分区 3 的兴化站基本无明显变化，其余站点均为上升趋势。泗阳、巨野和兴化均在淮河流域的东部，与海洋的距离比其他站点近。综合空间位置进行分析，距离海洋越远温度上升越明显。

利用非平稳性的概率密度分布函数求出非平稳性极端气温的重现期(图 3-13、图 3-14)。从图 3-13 可知，重现期所对应的温度有三种表现形式：①分区 1 新蔡和泗水以及分区 3 连云港年最高气温重现期对应的温度随时间是不变的，说明其为平稳性序列。②有 7 个站点呈现出上升的趋势，其中固始、泰州、如东和大丰上升的趋势最为显著，泰州和固始增幅为 1℃，如东和大丰 1.5℃。泰州在 1961 年的 50 年重现期对应的温度是 37.4℃，在 2016 年 37.4℃仅为 5 年一遇的重现期。再利用非平稳性的分析方法，泰州等 7 个站点相对于以前出现高温的概率在不断地增加，这也与丁一汇院士阐述的"预计到 2030 年，高温热浪将成为气候的新常态"的结论相吻合。③分区 1 淮阳和临颍的重现期的温度呈现下降趋势，临颍最为明显(降幅为 1.3℃)，41.2℃从 1961 年为 20 年一遇的高温上升到 2016 年为 50 年一遇的高温，说明临颍在 2016 年相对 1961 年发生高温的概率在下降。其中在非平稳性条件下淮阳、沭阳、灌南等 50 年以下的重现期对应温度基本无变化，但是 50～100 年重现温度呈下降的趋势。50 年一遇以下的概率表现了平稳性的特点,50 年一遇以上的高温出现概率在不断地降低,具有非平稳性的特征。50 年一遇以上出现概率对应的温度在下降的站点有沭阳、淮阳、临颍、濉溪和灌南,参考这几个站点的地理空间分布,为从东到西均匀地分布在淮河流域南北向的中部。

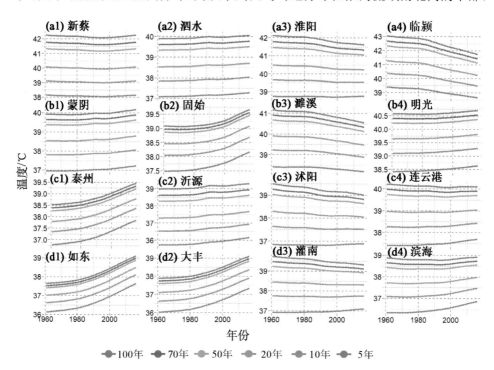

图 3-13　非平稳性条件下年最高气温不同重现期变化趋势分析

与年最高气温变化不同,除泗阳和兴化以外,其他站点年最低气温的重现期对应的温度呈上升的趋势(图 3-14)。所有站点在 1978 年前后有个拐点,这个结果与周雅清和任国玉[15]研究的绝对指数和极值指数的冷指数是从 20 世纪 80 年代中后期开始显著减少的结论是相符合的,另外一个变化的拐点在 2000 年后。莒县、民权、郑州和涡阳的温度增加幅度最大,均达到了 2℃。莒县在 1961 年–12℃为 50 年一遇的暖冬气温,到 2016 年上升到 10 年一遇的暖冬气温。除郑州重现期对应的年最低气温呈增加趋势(暖化现象明显)外,其他站点在 2000 年以后暖化现象增速减缓甚至出现冷化趋势,大部分站点从 1961~1978 年开始缓慢上升;1978~2000 年开始以较快的速度上升(上升幅度平均达到 1℃),分区 2 的泗阳和分区 3 的站点在 2000 年后冷化趋势明显(2000~2016 年分别下降了 0.5℃和 0.3℃)。从站点的空间分布上看,泗阳和兴化均位于江苏省并且处于洪泽湖以东,是距离海洋最近的两个典型站点。通过分析在非平稳性条件下淮河流域的极端低温重现期,暖冬出现的概率在不断地增加,并且呈现出阶段性的变化规律,距离海洋的远近是影响 1980 年后极端低温重现期变化的一个重要因素。

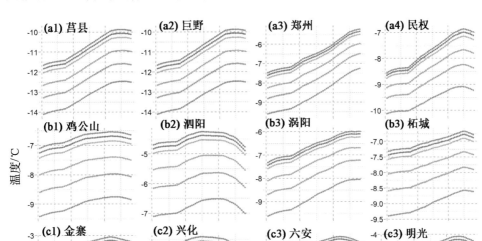

图 3-14　非平稳性条件下年最低气温不同重现期变化趋势分析

3.2.4　淮河流域重现期时空分布特征

图 3-15 是非平稳性的极端气温重现期的空间分布图，由图可知：显著下降的范围基本与分区 1 相符合，分区 2、3 为过渡区域，分区 4 则主要是显著上升的趋势。其中显著下降的 5 年一遇站点比重由 58%上升到了 67%，显著上升的 100 年一遇站点比重从 26%下降到了 23%，整体上大于 50 年一遇的显著变化的站点数量基本不变。随着极端高温重现期的不断增加，显著趋势变化的范围呈减小趋势，主要分布在淮河的东北部(分区 2 和分区 3)和东南部地区(分区 4)。同时趋势显著减小的范围却不断增加，特别是分区 2 由 5 年一遇的上升趋势逐渐演变为 100 年一遇的下降趋势。年最高气温呈现出离海洋越远，年最高气温下降趋势越明显，离海洋越近，极端气温增加趋势越明显，这表明近海地区的年最高气温发生的概率越来越大。高温发生概率在 50 年一遇以上的显著上升区域主要集中在淮河流域的东南和东北部。东南部地区接近长三角城市群，周北平等[46]指出城市化效应是长三角地区极端气温升高的原因，表明长三角城市群对东南地区极端高温上升有

着显著的影响。东北部也表现出显著上升，邹瑾等[47]的研究表明影响山东的冷空气在逐渐地减少，造成夏季高温偏多，极端高温也偏多的结果。

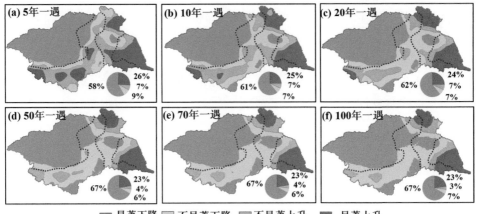

图 3-15　淮河流域年最高气温不同重现期趋势变化空间分析

年最低气温表现为全区域都呈现出上升的趋势(图 3-16)，低温出现的概率在不断地减少，这个结果与年最低气温的上升是一致的。显著上升的区域占比从 71%下降到 62%，不显著上升的占比从 29%上升到 38%。显著上升的区域集中在淮河流域的西部和北部，年最低气温的时空变化规律与极端高温的恰好相反，呈现出离海洋越远，年最低气温的增加趋势越显著，可推测中国北方出现暖冬的概率越来越高。

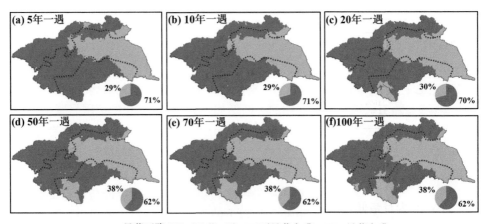

图 3-16　淮河流域年最低气温不同重现期趋势变化空间分析

　　图 3-17 为月最高气温的 50 年一遇重现期空间变化，1 月、3 月、9～12 月大部分地区呈现上升的趋势。其中 2 月淮河北部是显著下降趋势，南部是显著上升趋势，显著上升和显著下降的比例为 4∶5。分析 4～8 月的趋势变化规律：4 月显著下降趋势的区域主要集中在淮河流域的东部和中部；随着时间推移，显著下降的区域开始扩散到整个淮河流域，之后再向西北收缩，到 9 月显著下降开始消失。6～7 月为淮河流域的夏季，东南沿海地区表现为显著上升趋势，这部分地区接近长三角城市群，因此在夏季长三角地区城市群是影响淮河流域东南部极端气温显著上升的一个重要因素。

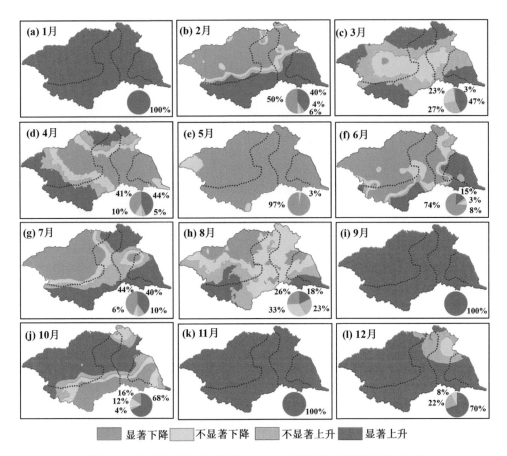

图 3-17　淮河流域月最高气温 50 年一遇重现期趋势变化空间分析

　　图 3-18 为月最低气温重现期空间变化特征。其中 2～7 月、9～10 月和 12 月大部分地区呈现上升趋势，部分月份零散分布着不显著下降的区域，呈现显著下降的月份为 1 月、8 月和 11 月；其中 1 月显著上升集中在淮河流域西北部的小部分区域，11 月显著上升主要集中在淮河流域的东部沿海地区。全年有 9 个月的最

低气温呈现上升的趋势，显著上升的区域均大于淮河流域 90%的区域，表现出淮河流域最低气温对全球变暖的响应，仅有 3 个月呈现显著下降的趋势。这表明月最低温度在全球变暖的大背景下都有明显的上升趋势，1 月、8 月和 11 月均处在季节交替的月份，显示出季节交替时期气温变化的复杂性。

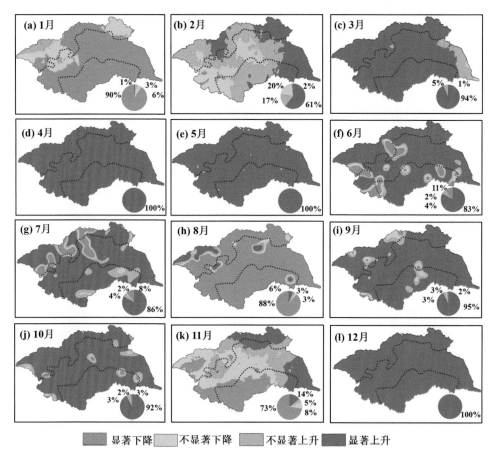

图 3-18　淮河流域月最低气温 50 年一遇重现期趋势变化空间分析

3.2.5　淮河流域极端气温遥相关分析及位势高度环流特征分析

1. 极端气温遥相关分析

图 3-19 为从月尺度上各分区与气候因子的遥相关关系(因为不同的气候指数时序长度不相同，其相关性与显著性的关系也不相同)。在 1 月与极端气温呈现正相关的气候指数有 OTI 和 WP，相关性均达到了 0.2 以上(通过 99%显著性检验)，

最低气温的分区 3 和最高气温的分区 1、分区 4 与 WP 指数的相关性通过了 90%
的显著性检验；气候因子与最低气温呈现负相关，并且与最高气温呈现正相关的
气候指数有 SF、PDO、ONI、Niño3、Niño3.4 和 NAO。在众多气候因子中，OTI
指数与淮河流域最低气温，除了 8 月份为负相关的关系，1 月份未通过显著性检
验，其余月份均为显著正相关并且通过了 90%以上的显著性检验，相关系数均大
于 0.25；OTI 为表征海洋温度的指数，结果表明海洋温度与淮河流域极端低温有
显著的相关关系，说明在全球气候变暖的环境下，海温的升高影响着淮河流域极
端低温的变化，但是对极高气温并不存在显著的影响。PDO 与 7 月和 8 月的极端
气温存在着显著的负相关关系，北太平洋海温异常变化显著地影响着淮河流域的
7、8 月极端气温的变化。ENSO 气候因子指数主要在 7~9 月对极端高温表现出
显著相关性。图 3-19 显示出最低气温和最高气温与 WP、NP、Niño3.4 及 Niño4
为显著的正相关关系，通过了 99%的显著性检验，相关系数在 0.25~0.5；其中最
高气温与 NP 的相关系数达到 0.75 以上。这表明最高气温比最低气温更易受气候
因子变化影响。总体上，淮河流域的极端气温与西太平洋、北太平洋的气候指数
呈现正反馈影响，与东太平洋的气候指数呈负反馈的响应。

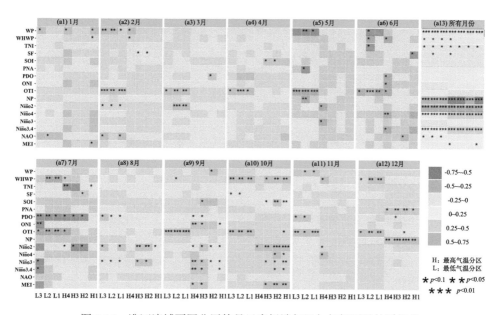

图 3-19　淮河流域不同分区的月尺度极端气温与气候因子的遥相关

利用 NCEP/NCAR 再分析资料，进行淮河流域陆地气温异常和海温异常的相
关性分析。1 月[图 3-20(a)]表明淮河流域的气温异常与渤海的海温异常呈现显著
的相关性，相关性达 0.5(p<0.01)；与北太平洋呈现显著的负相关关系，相关性达

–0.46（$p<0.01$）；与太平洋东部呈现显著正相关 $r=0.2$（$p<0.01$）。当冬季渤海海温出现异常时，淮河流域的气温则与渤海海温出现异常同步；当东太平洋异常变暖（厄尔尼诺）或者变冷（拉尼娜）的时候，淮河流域 1 月的气温异常与东太平洋海温异常同步。7 月［图 3-20（b）］淮河流域温度异常与东太平洋海温异常呈显著负相关，相关系数为–0.72（$p<0.01$）；7 月的温度异常正好与 1 月的温度异常结果相反。

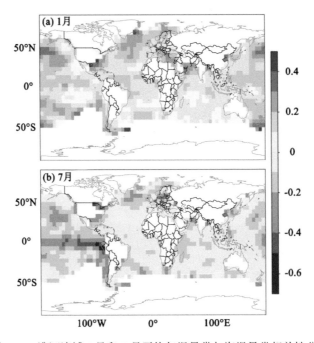

图 3-20　淮河流域 1 月和 7 月平均气温异常与海温异常相关性分析

2. 淮河流域极端气温环流特征分析

上述研究基于统计的角度分析了淮河流域的极端气温变化规律。但极端气温的变化规律还受大气环流变化的影响。Loikith 和 Broccoli[48]结合大气环流模式分析北美极端气温的变化规律，研究结果表明极端气温与 500hPa 的位势高度有很高的相关性。因此，本书选择 1948～2017 年 12～1 月的 500hPa 位势高度距平场时间序列、7～8 月的 500hPa 位势高度距平场时间序列进行经验正交函数（EOF）分析（图 3-21），最后采用 EOF 分解得到的时间系数进行 U、V 风分量的多年合成，之后进行 U、V 风合成，得到第一模态相匹配的风场并进行分析。表 3-5 是前三个特征向量的方差贡献率及累计方差贡献率，12～1 月第一模态方差贡献率为78.16%、7～8 月的第一模态方差贡献率为80.98%，由于篇幅的限制，本书选用第一模态进行分析。

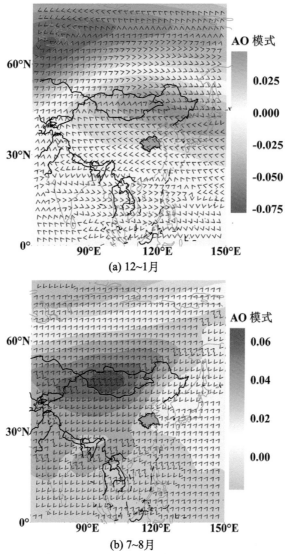

(a) 12~1月

(b) 7~8月

图 3-21　研究区域 12~1 月与 7~8 月 500hPa 位势高度 EOF 第一模态空间分布和 500hPa 平均
风场分析

矢量图(a)表示 12~1 月 EOF 分解得到的时间系数,分别进行 U、V 风分量的多年合成,最后进行 U、V 风的合成

表 3-5　特征向量的方差贡献率及累计方差贡献率

序号	时期	第一模态	第二模态	第三模态
方差贡献率/%	12~1 月	78.16	12.58	6.12
	7~8 月	80.98	8.27	5.21
累计方差贡献率/%	12~1 月	78.16	90.74	96.86
	7~8 月	80.98	89.25	94.46

由 12～1 月的 500hPa 位势高度距平场 EOF 分析(图 3-21)发现，淮河流域地区的位势高度表现为正异常达到 0.02，表示位势高度基本一致的上升或下降；分析淮河流域 12～1 月气温和 7～8 月气温与 500hPa 的相关性，发现在中国区域淮河流域 12～1 月的气温与 500hPa 呈现显著正相关(相关系数 0.86，$p<0.01$)；研究表明中国东北区域冬季升温显著[49,50]，淮河流域 12～1 月气温随位势高度同步变化，因此淮河流域 500hPa 的位势高度在不断升高，位势高度的升高表征着 12～1 月的气温也在升高，这个结果符合上述极端低温在逐年上升的结论。中国东北地区位势高度呈显著正异常，异常值高达 0.04，表明位势高度在显著增加，12～1 月增温显著，这个结果与董满宇和吴正方[49]、贺伟等[50]的研究结果相符合。当淮河流域 500hPa 位势高度的第一模态增强时，中国东北区域近地面风为反气旋，高空为气旋；淮河流域处于反气旋的南部，主要是东南风受太平洋暖湿气流的影响，也减弱了西伯利亚高压对淮河流域的影响。从时间序列(图 3-22)上讲，整个区域 12～1 月的位势高度波动范围较大，但整体上是"下降-上升-下降"循环的过程。对 7～8 月[图 3-21(b)]500hPa 位势高度进行 EOF 分解发现，淮河流域西部的位势高度出现正异常，异常值为 0.02。导致位势高度在不断增大，有增温的趋势，这个趋势与图 3-9 分析的结果相符合。从地表风场图来分析，青藏高原和蒙古境内形成了反气旋并且气旋中心位势高度增加趋势显著，高度场偏高，热低压减弱。结合 7～8 月 500hPa 高度场分析可知，在 40°N 以北和以南为槽的高度场减弱，使江淮地区降雨增多；西太平洋副高向西方向发展，对淮河流域东南区域的控制增强，这个结果与谢清霞等[51]的研究结果相符合。由于副高的西移增强和大陆低压的减弱，造成了淮河流域东南区域极端高温呈增加趋势(图 3-17)，淮河流域西部地区降水增多导致极端高温的减少。从相应的时间系数变化曲线(图 3-22)可以看出，位势高度在 1961～1962 年降低程度达-0.3，到 1985 年后位势高度在逐渐增加，青藏高原和蒙古低压在不断减弱，且减弱趋势不断增大。

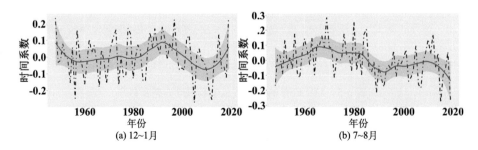

图 3-22　12～1 月与 7～8 月 500hPa 位势高度 EOF 第一模态时间序列

3.3　小　　结

本书采用 26 个极端气温指标来研究淮河流域 1961～2014 年极端气温事件的时空演变特征，以及利用淮河流域 149 个站点对 1961～2016 年淮河流域极端气温非平稳极端时间序列和重现期的时空特征进行分析，探讨了极端气温对气候因子的响应。主要得出以下几点结论：

(1)极值指数(TXx、TNx、TXn、TNn)基本呈上升趋势，其中最低气温的极高值(TNx)和最低气温的极低值(TNn)呈大范围显著上升趋势，最大增幅分别为 0.4℃/10a、1.3℃/10a。极端暖指数中，暖夜日数(TN90p)、夏日日数(SU25)、热夜日数(TR20)和热浪日数(HWDI)在整个流域表现为大范围上升趋势，其中 TN90p 和 TR20 呈大范围显著上升趋势，分别以 6.3d/10a、7.1d/10a 的趋势增加。极端冷指数中，冷昼日数(TX10p)、冷夜日数(TN10p)、霜冻日数(FD0)、结冰日数(ID0)、冷昼持续日数(CSDI)、冷日持续日数(CWDI)和霜冻持续日数(CFD)分别以–2.3d/10a、–6.8d/10a、–10.0d/10a、–2.5d/10a、–9.2d/10a、–7.3d/10a、–4.3d/10a 的趋势大幅下降。TN90p、FD0、TN10p、CSDI、CWDI、CFD 和 TR20 均有超过 80%的站点通过 95%的显著性检验，TXn、TX10p、ID0 通过 95%显著性检验的站点多集中于淮河流域东部。气温日较差(DTR)在淮河流域大致呈下降趋势；生物生长季(GSL)以 7.6d/10a 的速率大幅上升，呈现显著上升趋势；生长季气温指数(GTavg、GTmax、GTmin)呈现较为一致的小幅下降趋势。

(2)淮河流域极端气温指数在变化幅度、空间分布、突变发生时间和相关性等方面均有较为明显的差异。变化幅度上，极端冷指数大于极端暖指数，夜指数大于昼指数；空间分布上，东部地区极端气温指数变化幅度和显著性检验通过率均大于西部地区，且东南部的极端暖指数增幅远大于淮河流域其他区域；突变发生时间上，极端冷指数早于极端暖指数约 10 年；相关性上，极端冷指数之间的相关性略高于极端暖指数之间，多数极端气温指数变化趋势与经纬度、海拔显著相关。淮河流域极值气温升高、极端暖指数上升及极端冷指数下降，这与国内其他区域和世界极端气温变化趋势基本一致。

(3)利用空间分区方法将年最高气温按照由内陆到沿海的方向分为 4 个分区，年最低气温由北向南分为 3 个区域。在 20 世纪 60 年代为增加趋势，但增加趋势未通过 95%的显著性检验，增加趋势不显著；在 20 世纪 70～80 年代，分区 1 和分区 2 年最高气温呈减小趋势，其中固始下降趋势显著，泗水、临颍和濉溪站点在 20 世纪 80 年代呈显著下降趋势；在经历了 90 年代的波动稳定后，所有站点在 2000 年后呈增加趋势，但增加趋势不显著。而年最低气温在 20 世纪 60 年代呈下降趋势，1970 年以后年最低气温呈增加趋势，大部分站点在 2000

年之后增加趋势显著。

(4)年最高气温重现期对应的温度变化表现为：分区 1 的新蔡、泗水和分区 3 的连云港表现出平稳性特征；分区 2～4 有泰州等 7 个站点显著上升，增幅达 1.5℃；分区 1 的淮阳和临颍为下降趋势，降幅达到 1.3℃。年最低气温均呈现上升趋势，所有站点在 1978 年前后出现上升的拐点，但是在 2000 年前后暖化现象出现减缓。从站点的空间位置上分析，距离海洋的远近是影响淮河流域极端气温的一个重要因素，距离海洋越近，年最高气温上升趋势越明显；离海洋越远，年最低气温上升趋势越显著。

(5)年最高气温空间分布的规律特点与空间分区相一致，分区 1 显著下降，分区 2、3 为不显著区域，分区 4 显著上升。分区 3、4 地处沿海，大部分站点为年最高气温显著上升的区域。年最低气温呈现上升趋势，低温出现的概率在不断降低，但是不显著上升的区域主要集中在东部。显著上升的区域占比从 71%下降到 62%，不显著上升的占比从 29%上升到 38%。显著上升的区域集中在淮河流域的西部和北部。

(6)分析淮河流域极端气温对太平洋气候指数的响应发现，1 月非平稳性条件下的极端气温主要受 SF、PDO、ONI、Niño3 和 Niño3.4 影响，OTI 与淮河流域极端低温有显著的相关关系。北太平洋海温异常的变化显著地影响着淮河流域 7、8 月极端气温的变化，淮河流域极端气温的非平稳变化有着与西太平洋和北太平洋正相关的反馈，与东太平洋呈负相关的反馈。分析淮河流域气温异常和海温异常的相关性发现，冬季渤海海温异常时，淮河流域的气温则与渤海海温异常同步；当东太平洋异常变暖(厄尔尼诺)或者变冷(拉尼娜)的时候，淮河流域 12～1 月的气温异常与东太平洋海温异常同步。夏季的温度异常正好与 12～1 月的温度异常结果相反。结合环流特征分析，淮河流域冬季暖化现象受东北地区暖化的影响；夏季温度的变化主要由青藏高原低压和蒙古低压在逐年减弱造成环流改变，从而使淮河流域东南区域极端高温呈增加趋势，淮河流域西部地区降水增多导致极端高温降低。

参 考 文 献

[1] 丁一汇, 王会军. 近百年中国气候变化科学问题的新认识[J]. 科学通报, 2016, 61(10): 1029-1041.

[2] Cao L J, Zhao P, Yan Z, et al. Instrumental temperature series in eastern and central China back to the nineteenth century[J]. Journal of Geophysical Research Atmospheres, 2013, 118(15): 8197-8207.

[3] Christidis N, Stott P A. Attribution analyses of temperature extremes using a set of 16 indices[J]. Weather and Climate Extremes, 2016, (14): 24-35.

[4] Christidis N, Stott P A, Brown S, et al. Detection of changes in temperature extremes during the

second half of the 20th century [J]. Geophysical Research Letters, 2005, 32(20): 242-257.

[5] 王大钧. 国际标准气候变化指数简介及其温度指数在中国的应用[C]//中国气象学会. 中国气象学会 2007 年年会气候变化分会场论文集, 2007: 6.

[6] Ruml M, Gregorić E, Vujadinović M, et al. Observed changes of temperature extremes in Serbia over the period 1961−2010[J]. Atmospheric Research, 2017,(183): 26-41.

[7] 慈晖, 张强, 张江辉, 等. 1961—2010 年新疆极端气温时空演变特征研究[J]. 中山大学学报(自然科学版), 2015, 54(4): 129-138.

[8] 王佃来, 刘文萍, 黄心渊. 基于 Sen+Mann-Kendall 的北京植被变化趋势分析[J]. 计算机工程与应用, 2013, 49(5): 13-17.

[9] Kahya E, Kalayc I S. Trend analysis of streamflow in Turkey[J]. Journal of Hydrology, 2004, 289(1): 128-144.

[10] 魏凤英. 现代气候统计诊断与预测技术[M]. 北京: 气象出版社, 2007.

[11] 黄小燕, 王小平, 王劲松, 等. 1960—2013 年中国沿海极端气温事件变化特征[J]. 地理科学, 2016, 36(4): 612-620.

[12] 史军, 丁一汇, 崔林丽. 华东极端高温气候特征及成因分析[J]. 大气科学, 2009, 33(2): 347-358.

[13] 楚纯洁, 赵景波, 安春华. 1957—2011 年中国中部不同气候带气候变化及其与 ENSO 的关系[J]. 地域研究与开发, 2015, 34(5): 121-127.

[14] 曾婷, 杨东, 朱小凡, 等. ENSO 事件对安徽省气候变化和旱涝灾害的影响[J]. 中国农学通报, 2015, 31(1): 215-223.

[15] 周雅清, 任国玉. 中国大陆 1956—2008 年极端气温事件变化特征分析[J]. 气候与环境研究, 2010, 15(4): 405-417.

[16] Alexander L V. Global observed long-term changes in temperature and precipitation extremes: A review of progress and limitations in IPCC assessments and beyond[J]. Weather and Climate Extremes, 2016,(11): 4-16.

[17] 苏京志, 温敏, 丁一汇, 等. 全球变暖趋缓研究进展[J]. 大气科学, 2016, 40(6): 1143-1153.

[18] 秦大河. 气候变化科学与人类可持续发展[J]. 地理科学进展, 2014, 33(7): 874-883.

[19] 赵宗慈, 罗勇, 黄建斌. 极端天气与气候事件受到全球变暖影响吗?[J]. 气候变化研究进展, 2014, 10(5): 388-390.

[20] IPCC. Climate Change 2013: The Physical Science Basis[R]. Working group I Contribution to the Fifth Assessment Report of the Intergovernmental Panel on Climate Change, 2013.

[21] Brierley C M, Fedorov A V. Relative importance of meridional and zonal sea surface temperature gradients for the onset of the ice ages and Pliocene-Pleistocene climate evolution[J]. Paleoceanography, 2010, 25: 1-16.

[22] Zhang Y, Gao Z, Pan Z, et al. Spatiotemporal variability of extreme temperature frequency and amplitude in China[J]. Atmospheric Research, 2016, 185: 131-141.

[23] Shi J, Cui L, Ma Y, et al. Trends in temperature extremes and their association with circulation patterns in China during 1961–2015[J]. Atmospheric Research, 2018, 212: 259-272.

[24] Ding Z, Wang Y, Lu R. An analysis of changes in temperature extremes in the Three River Headwaters region of the Tibetan Plateau during 1961–2016[J]. Atmospheric Research, 2018,

209: 103-114.

[25] Zhang W, Pan S, Cao L, et al. Changes in extreme climate events in eastern China during 1960–2013: A case study of the Huaihe River Basin[J]. Quaternary International, 2015, 380-381: 22-34.

[26] Sun P, Zhang Q, Yao R, et al. Spatiotemporal patterns of extreme temperature variations across the Huai River basin, China, during 1961—2014 and regional responses to global changes[J]. Sustainability, 2018, 10(4): 1236.

[27] 叶金印, 黄勇, 张春莉, 等. 近 50 年淮河流域气候变化时空特征分析[J]. 生态环境学报, 2016, 25(1): 84-91.

[28] 王景才, 郭佳香, 徐蛟, 等. 近 55 年淮河上中游流域气候要素多时间尺度演变特征及关联性分析[J]. 地理科学, 2017, 37(4): 611-619.

[29] 刘可晶, 王文, 朱烨, 等. 淮河流域过去 60 年干旱趋势特征及其与极端降水的联系[J]. 水利学报, 2012, 43(10): 1179-1187.

[30] Milly P C D, Betancourt J, Falkenmark M, et al. On critiques of "Stationarity is dead: Whither water management?"[J]. Water Resources Research, 2015, 51: 7785-7789.

[31] Cheng L, AghaKouchak A, Gilleland E, et al. Non-stationary extreme value analysis in a changing climate[J]. Climatic Change, 2014, 127(2): 353-369.

[32] Coles S. An Introduction to Statistical Modeling of Extreme Values[M]. London: Springer, 2001.

[33] Davison A C, Smith R L. Models for exceedances over high thresholds (with discussion)[J]. Journal of the Royal Statistical Society. Series B (Methodological), 1990, 52(3): 393-442.

[34] Dee D P, Uppala S M, Simmons A J, et al. The ERA-Interim reanalysis: Configuration and performance of the data assimilation system[J]. Quarterly Journal of the Royal Meteorological Society, 2011, 137(656): 553-597.

[35] Dodet G, Bertin X, Taborda R. Wave climate variability in the North-East Atlantic Ocean over the last six decades[J]. Ocean Modelling, 2010, 31(3-4): 120-131.

[36] Dunne J P, John J G, Adcroft A J, et al. GFDL's ESM2 Global Coupled Climate-Carbon Earth System Models. Part I: Physical Formulation and Baseline Simulation Characteristics[J]. Journal of Climate, 2012, 25: 6646-6665.

[37] Feuerverger A, Hall P. Estimating a tail exponent by modelling departure from a Pareto distribution[J]. Annals of Statistics, 1999, 27(2): 760-781.

[38] Forzieri G, Feyen L, Rojas R, et al. A Ensemble projections of future streamflow droughts in Europe[J]. Hydrology and Earth System Sciences, 2014, 18(1): 85-108.

[39] Oliver M, Webster R. A Geostatistical basis for spatial weighting in multivariate classi-cation[J]. Mathematical Geology, 1989, 21(1): 15-35.

[40] Bourgault G, Marcotte D, Legendre P. The multivariate (co) variogram as a spatial weighting function in classification methods[J]. Mathematical Geology, 1992, 24(5): 463-478.

[41] Ambroise C, Dang M, Govaert G. Clustering of Spatial Data by the EM Algorithm[M]// GeoENVI—Geostatistics for Environmental Applications, 1997.

[42] Miele V, Picard F, Dray S. Spatially constrained clustering of ecological networks[J]. Methods

in Ecology and Evolution, 2014, 5(8): 771-779.

[43] Chavent M, Kuentz-Simonet V, Labenne A, et al. ClustGeo: An R package for hierarchical clustering with spatial constraints[J]. Computational Statistics, 2018, 33: 1799-1822.

[44] 杜鸿, 夏军, 曾思栋, 等. 淮河流域极端径流的时空变化规律及统计模拟[J]. 地理学报, 2012, 67(3): 398-409.

[45] Gocic M, Trajkovic S. Analysis of changes in meteorological variables using Mann-Kendall and Sen's slope estimator statistical tests in Serbia[J]. Global and Planetary Change, 2013, 100(1): 1119-1152.

[46] 周北平, 李少魁, 史建桥, 等. 1960年—2012年长三角地区极端气温时空变化特征[J]. 南水北调与水利科技, 2016, 14(4): 42-47.

[47] 邹瑾, 冯晓云, 胡桂芳, 等. 山东省夏季极端高温异常气候变化特征分析[J]. 气象科技, 2004, 32(3): 182-186.

[48] Loikith P C, Broccoli A J. Characteristics of observed atmospheric circulation patterns associated with temperature extremes over North America[J]. Journal of Climate, 2012, 25(20): 7266-7281.

[49] 董满宇, 吴正方. 近50年来东北地区气温变化时空特征分析[J]. 资源科学, 2008, 30(7): 1093-1099.

[50] 贺伟, 布仁仓, 熊在平, 等. 1961—2005年东北地区气温和降水变化趋势[J]. 生态学报, 2013, 33(2): 519-531.

[51] 谢清霞, 范广洲, 周定文, 等. 夏季青藏高原低压的年际和年代际变化及其与我国降水的关系[J]. 高原气象, 2012, 31(6): 1503-1510.

第4章　淮河流域气象干旱时空变化特征及成因分析

4.1　基于 SPEI 指数的干旱时空演变特征及影响研究

目前常用干旱指数来描述干旱现象,最常用的干旱指数主要是帕尔默干旱强度指数(PDSI)[1]、标准化降水指数(SPI)[2]、综合气象干旱指数(CI)[3]。而在 2010年 Vicente-Serrano 等[4]提出标准化降水蒸散指数(SPEI),通过标准化潜在蒸散与降水的差值的累积概率值表征一个地区干湿状况偏离常年的程度,既考虑了 PDSI在干旱对蒸散的响应方面的优势,又考虑了 SPI 在空间上的一致性、多时间尺度的优点,并很好地应用在全球各个区域。尽管在中国研究干湿变化的指数很多,但对淮河流域的研究较少。在全球变暖的大趋势下,高温现象导致淮河流域干旱频繁发生[5],而 SPEI 指数综合考虑了降水和温度因子,具备的多时间尺度优势能够较好地分析淮河流域短期、中期和长期的时间和空间变化特征,成为监测干旱的重要工具。因此,本书基于淮河流域 149 个气象站点的 SPEI,对不同时间尺度的淮河流域干旱时空变化特征进行探讨,结合对淮河流域历史旱情的分析,进一步论述该研究对淮河流域农业干旱监测与防治具有的重要理论价值与实践意义。

4.1.1　研究数据与方法

1. 数据

本书选取淮河流域 149 个气象站点(图 2-1)1962～2016 年逐日最高温、日最低温、日降水量资料,数据来源于中国气象数据网。为提高数据质量,并确保结果准确可靠,本书所采用的数据均使用 RClimDex 程序进行严格的质量检测,包括异常值和错误值的筛选、日最高气温是否小于最低气温等,不合格数据按缺测值处理。缺测值使用三次样条函数内插补齐。主要选取的气候指标为:WP(西太平洋指数)、WHWP(西半球温水池)、TNI(跨尼罗指数)、BEST(双变量 ENSO 指数)、SOI(南方涛动指数)、PNA(太平洋北美指数)、PDO(北太平洋海温异常)、GTI(全球温度指数)、NP(北太平洋模式)、ONI(Oceanic Niño 指数)、Niño2(极端东部热带太平洋温度)、Niño3(东部热带太平洋温度)、Niño3.4(中东热带太平洋温度)、Niño4(中央热带太平洋温度)、NAO(北大西洋震荡)和 MEI(多变量 ENSO指数)。选取了 NCEP/NCAR 再分析资料:250hPa、500hPa、800hPa 位势高度数据及风速分量等数据①。

2. 研究方法

1）标准化降水蒸散指数（SPEI）

标准化降水蒸散指数（SPEI）由 Vicente-Serrano 等[4]于 2010 年在 SPI 的基础上结合降水和温度变化首次提出，SPEI 是对降水量与潜在蒸散量差值序列的累积概率值进行正态标准化后的指数。

本书采用 Penman-Monteith 公式计算 1962～2016 年逐日潜在蒸散量[6]，然后计算逐月降水与蒸散的差值 D_i，即

$$D_i = P_i - \mathrm{PET}_i \tag{4-1}$$

式中，P_i 为月降水量；PET_i 为月潜在蒸散量。通过叠加计算建立不同时间尺度气候学意义的水分盈亏累积序列，即

$$D_n^k = \sum_{i=0}^{k-1} \left(P_{n-i} - \mathrm{PET}_{n-i} \right) \tag{4-2}$$

式中，$n \geq k$，k 为时间尺度（月），n 为计算次数。

对 D_i 数据序列进行正态化处理，计算每个数值对应的 SPEI 指数。其中，标准正态化拟合采用 log-logistic 分布模型，并得到不同时间尺度的 SPEI 指数。依据中国气象局制定的 SPEI 干旱等级划分标准[7]对研究区干旱等级进行划分。

2）干旱的定量表征

干旱的定量表征通过其属性来表示，主要包括干旱强度、干旱频率[8]、干旱事件和干旱重心。

（1）干旱强度：干旱强度用来评价研究区内干旱的严重程度。其定义为，在干旱过程内，旱情达到中旱的 SPEI 值记为–1 的累积值，其值越大表明干旱越强。

$$Q = \sum \mathrm{SPEI}_{\mathrm{SPEI} \leq -1} \tag{4-3}$$

式中，$\mathrm{SPEI}_{\mathrm{SPEI} \leq -1}$ 为小于–1 的 SPEI 值。

（2）干旱频率：干旱频率是研究期内发生干旱的月数占总月数的比例，其值越大表明干旱发生越频繁。

$$P = \left(\frac{m}{M} \right) \times 100\% \tag{4-4}$$

---

① 数据来源：http://www.esrl.noaa.gov/psd/data/gridded/data.ncep.reanalysis.derived.html.

式中，m 为发生干旱的月数；M 为研究期总月数。

(3)干旱事件：干旱事件是指 SPEI 值达到轻旱及以上旱情的发生次数。

$$O = \text{SPEI}_{\text{SPEI}<-0.5} \tag{4-5}$$

式中，$\text{SPEI}_{\text{SPEI}<-0.5}$ 为小于−0.5 的 SPEI 值。

(4)干旱重心：干旱重心表示为干旱事件在三维时空域中的位置(经度、纬度、时间)。采用 MATLAB 图像处理函数 regionprios 提取干旱事件的重心。

3) Mann-Kendall 趋势分析

Mann-Kendall 检验是提取序列变化趋势的有效工具，被广泛应用于气候参数和水文序列的分析[9]。本书主要采用非参数 M-K 趋势突变检验法来评估水文气候要素时间序列趋势变化，非参数 M-K 检验方法以适用范围广、人为性少、定量化程度高而著称，其检验统计量公式为

$$S = \sum_{i=2}^{n}\sum_{j=1}^{i-1} \text{sign}(X_i - X_j) \tag{4-6}$$

式中，sign() 为符号函数，当 $X_i - X_j$ 小于、等于或者大于零时，$\text{sign}(X_i - X_j)$ 分别为−1、0 和 1；M-K 统计量公式 S 大于、等于、小于零时分别为

$$Z = \begin{cases} (S-1)\big/\sqrt{n(n-1)(2n+5)/18} & S>0 \\ 0 & S=0 \\ (S+1)\big/\sqrt{n(n-1)(2n+5)/18} & S<0 \end{cases} \tag{4-7}$$

式中，Z 为正值表示增加趋势，负值表示减少趋势。Z 的绝对值在大于等于1.28、1.96、2.32 时分别通过了信度90%、95%、99%显著检验。

当用 M-K 法来检测径流的变化时，其统计量为：设有一时间序列 $x_1, x_2, x_3, \cdots, x_n$，构造一秩序列 m_i，m_i 表示 $x_i > x_j (1 \leqslant j \leqslant i)$ 的样本累积数。定义 d_k：

$$d_k = \sum_{i}^{k} m_i \quad (2 \leqslant k \leqslant N) \tag{4-8}$$

其中，d_k 均值以及方差的定义如下：

$$E[d_k] = \frac{k(k-1)}{4} \tag{4-9}$$

$$\text{Var}[d_k] = \frac{k(k-1)(2k+5)}{72} \quad (2 \leqslant k \leqslant N) \tag{4-10}$$

在时间序列随机独立假定下，定义统计量：

$$\text{UF}_k = \frac{d_k - E[d_k]}{\sqrt{\text{Var}[d_k]}} \quad (k=1,2,3,\cdots,n) \tag{4-11}$$

式中，UF_k 为标准正态分布，给定显著性水平 α_0，查正态分布表得到临界值 t_0，当 $UF_k > t_0$，表明序列存在一个显著的增长或减少趋势，所有 UF_k 将组成一条曲线 Z_1，通过信度检验可知其是否具有趋势。将时间序列 x 按逆序排列，把此方法应用到逆序排列中，再重复上述的计算过程，并使计算值乘以–1，得出 UB_k，UB_k 在图中表示 Z_2，当曲线 Z_1 超过信度线，即表示存在明显的变化趋势，若 Z_1 和 Z_2 的交点位于置信度线之间，则此点可能是突变点的开始。

4）经验正交函数分解

经验正交函数（EOF）分解是气候变化领域常用的时空分解方法[10]。其原理是将某气候变量场的观测资料以矩阵形式给出（m 是观测站，n 是时间序列长度）：

$$X_{m \times n} = \begin{pmatrix} x_{11} & x_{12} & \cdots & x_{1n} \\ x_{21} & x_{22} & \cdots & x_{2n} \\ \vdots & \vdots & & \vdots \\ x_{m1} & x_{m2} & \cdots & x_{mn} \end{pmatrix} \tag{4-12}$$

气象场的自然正交展开，将 X 分解为时间函数 Z 和空间函数 V 两部分，即

$$X = VZ \tag{4-13}$$

为研究淮河流域干旱发生的时间变化规律和空间模态，本书对多尺度 SPEI 的年均变量场进行分解，从复杂的干旱变量场中分解出不同的时空模态，研究干旱的时间变化和空间模态，分析干旱特征，揭示干旱时空演变的规律性。

5）小波分析

小波函数 $\varphi(t)$ 指具有振荡特性、能够迅速衰减到零的一类函数，定义为

$$\int_{-\infty}^{+\infty} \varphi(t)\mathrm{d}(t) = 0 \tag{4-14}$$

式中，$\varphi(t)$ 是一簇函数系：$\Psi_{a,b}(t) = |a|^{-1/2} \varphi\left(\dfrac{t-b}{a}\right), b \in \mathbf{R}, a \in \mathbf{R}, a \neq 0$，称 $\Psi_{a,b}(t)$ 为子小波；a 为尺度因子或频率因子，反映小波的周期长度；b 为时间因子，反映时间上的平移。

小波函数是小波分析的关键。目前有许多小波函数可选用，本书采用 Morlet 小波分析淮河中上游各站点年、季节和汛期及非汛期径流的周期变化特征。Morlet 小波具有良好的时、频域局部性，不仅可展现径流时间序列的精细结构，还能将隐含在序列中随时间变化的周期显现出来。其为复数小波，定义为

$$\Psi(t) = \mathrm{e}^{ict - t^2/2} \tag{4-15}$$

式中，c 为常数，取 6.2；i 表示虚数。Morlet 小波伸缩尺度 a 与周期 T 有如下关系[11]：

$$T = \left(\frac{4\pi}{c + \sqrt{2 + c^2}} \right) \times a \tag{4-16}$$

若 $\Psi_{a,b}(t)$ 是式(4-15)给出的子小波，对于时间序列 $f(t) \in L^2(\mathbf{R})$，其连续小波变换为

$$W_f(a,b) = |a|^{-1/2} \int_{-\infty}^{+\infty} f(t) \overline{\Psi} \left(\frac{t-b}{a} \right) \mathrm{d}t \tag{4-17}$$

式中，$\overline{\Psi}(t)$ 为 $\varphi(t)$ 的复共轭函数；$W_f(a,b)$ 称为小波变换系数。实际工作中，时间序列常常是离散的，如 $f(k\Delta t)(k = 1, 2, \cdots, N)$（$\Delta t$ 为取样时间间隔），则式(4-17)的离散形式为

$$W_f(a,b) = |a|^{-1/2} \Delta t \sum_{k=1}^{n} f(k\Delta t) \overline{\Psi} \left(\frac{k\Delta t - b}{a} \right) \tag{4-18}$$

从式(4-17)或式(4-18)知，小波变换同时反映了 $f(t)$ 的时域和频域特性。当 a 较小时，对频域的分辨率低，对时域的分辨率高；当 a 增大时，对频域的分辨率高，对时域的分辨率低。因此，小波变换能实现窗口大小固定、形状可变的时域局部化。

$W_f(a,b)$ 随参数 a 和 b 变化，可做出以 b 为横坐标、a 为纵坐标的关于 $W_f(a,b)$ 的二维等值线图。通过此图可得到关于时间序列变化的小波特征，每一种周期小波随时间的变化可通过水平截取来考察。不同时间尺度下的小波系数可以反映系统在该时间尺度(周期)下的变化特征：正负小波系数转折点对应着突变点；小波系数绝对值越大，表明该时间尺度变化越显著。小波方差由下式表示：

$$\mathrm{Var}(a) = \int_{-\infty}^{+\infty} \left| W_f(a,b) \right|^2 \mathrm{d}b \tag{4-19}$$

4.1.2　淮河流域年际变化特征

淮河流域 1962～2016 年各等级干旱发生次数的年际变化见图 4-1。从整体可以看出，干旱发生次数呈现波动变化，但总体呈现上升趋势[图 4-1(a)]。1962～2016 年，淮河流域平均每年发生 3.8 次干旱事件，总体干旱次数超过 2.7 次的共 33 年，其中 1967 年最为突出，发生重旱、特旱以及总数最多，共 9.1 次，高达淮河流域平均干旱次数的 2 倍以上。主要干旱年份为 1965～1968 年、1976～1982 年、1992～2005 年、2012～2016 年。在 20 世纪 90 年代以前，连续干旱年份时间较短，在 1992～2005 年，淮河流域处于较长的连续干旱状态，SPEI 干旱发生次数一直保持一定的稳定发展，表明淮河流域具有较为明显的干旱化趋势。1962～2016 年，重旱及特旱年代际比重分别为 24.8%、13.2%、10.0%、15.7%、17.1%、15.8%；其中 20 世纪 80 年代最低，20 世纪 60 年代最高。淮河流域绝大部分地区易发生轻旱及中旱，重旱及特旱较少，在整个流域中占旱灾发生总的次数比例也

不高。因淮河流域地处我国南北气候过渡带，降水量波动大，当遇到极端气候或者连续多年干旱时，特大干旱发生次数骤增[12]。

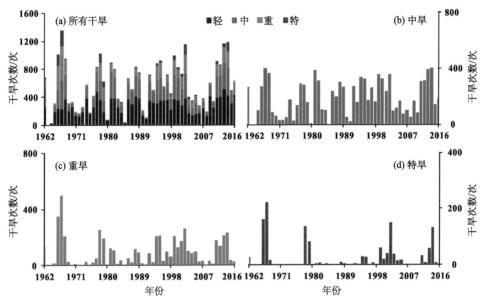

图 4-1　1962～2016 年各等级干旱发生次数的年际变化

从不同等级干旱发生次数可以看到，每个年代淮河流域中旱的发生次数[图 4-1(b)]相差不多，而 20 世纪 90 年代后中度干旱的发生次数明显增多，且变化较为均匀，平均发生次数约 187 次，对比发现中旱的发生次数与淮河流域总体干旱变化规律基本符合。从图 4-1 中可以知道，淮河流域重旱、特旱形势严峻，最突出的是 1967 年，149 个站点中重旱发生次数超过 400 次[图 4-1(c)]，特旱超过 200 次[图 4-1(d)]，约为同等级干旱的 10 倍。1966～1967 年、1978～1979 年、1994 年、1999～2003 年、2011 年、2013～2014 年等发生特旱等级干旱，这与《中国气象灾害大典》安徽卷、河南卷、山东卷和江苏卷[13]记录的淮河流域历史干旱灾情记录相吻合，表明 SPEI 能较好地判断出淮河流域典型旱年。

4.1.3　淮河流域干旱的空间分布特征

淮河流域干旱发生频率的空间差异如图 4-2 所示，发现不同等级干旱发生频率在空间上差异较大。从总体来看，淮河流域干旱频率在 27.76%～36.04%，干旱范围约占 1/3，淮河流域东部、东北部、西南部的干旱频率较高，而西部、中部干旱频率较低，西南部、东北部及中部干旱频率大于西北部和东南部，且流域东北的干旱频率大于东南部，西南部的干旱频率大于流域中部和西北部。从空间上看，不同等级干旱发生频率的地区差异明显。其中，中旱发生频率主要集中在淮河流域东部、北部和南部部分地区；重旱发生频率主要集中在山区和各省份交界区域；特旱发生频率则主要集中在淮河流域的东南部和西北部。淮河流域气温和降水量在空间上分布不均，受地形地貌等因素的影响，导致干旱分布具有区域性和复杂性。

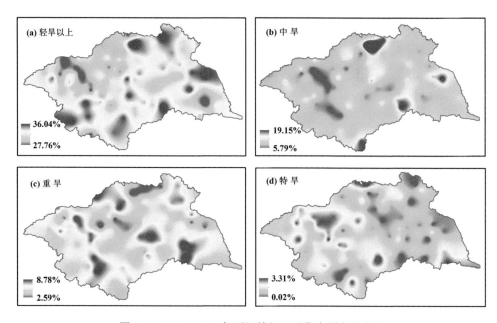

图 4-2　1962～2016 年不同等级干旱发生频率分布图

由图 4-3 可以看出，1962～2016 年淮河流域旱灾强度主要由中部沿西南至东北分布，干旱强度较高区域主要集中在中部、东北部及西南部；各月平均差别较小，淮河流域干旱形势较为严峻。淮河流域的东北部、中部和西南部都是干旱强度较高的区域。

淮河流域山东的干旱强度相对最高，主要是由于大气环流的规律性运动和异常情况引起的，常年 9 月至翌年 5 月，受东亚槽后西北下沉气流影响，西南暖湿气流难以到达山东，引起降水稀少，加之天气晴朗，空气干燥，因此多发生干旱[14]。其次是淮河流域安徽和河南地区，旱灾易发，干旱类型多样。由图 4-3 可知，3～5 月淮河流域干旱空间范围较广，因淮河流域降水量少、蒸发量大、地下水位低及锋面雨带的不及时到达等因素影响，易引发干旱。而这个时期是作物（小麦、油菜等）主要的生长季节，需水量大，干旱对作物的影响大[15]。6～8 月降水量较多，空间上干旱强度分布呈现出南高北低的特点，主要是受西太平洋副热带高压季节性位移的影响，淮河流域降水分布受副高的影响程度由南向北逐渐变弱[16]。9～11 月干旱强度空间分布从西南向西北逐渐增加，干旱强度高值出现在淮河流域西北部，主要是因为夏季东南季风向冬季西北季风转换的过渡时期，当夏季风过强，锋面雨带迅速北移，且受到山区地形的影响[16]。

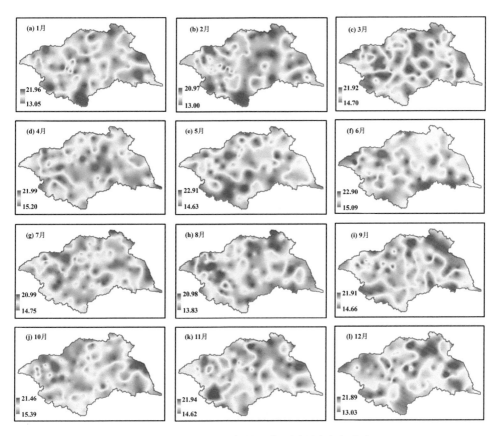

图 4-3　1962～2016 年月尺度干旱强度空间分布

4.1.4　淮河流域气象干旱趋势变化

图 4-4 是淮河流域 1962～2016 年各月干旱趋势变化图。由图 4-4 可知，淮河流域总体呈干旱化趋势，但是有 27 个站点呈上升趋势，在图中呈现"Z"字形分布。上升趋势站点主要分布在淮河干流及支流沙颍河，下降趋势分布则集中在山东的东部沿海地区和南四湖(南阳湖、独山湖、昭阳湖、微山湖)地区、河南淮河流域的边界及淮河流域的西南边界地势较高的区域。

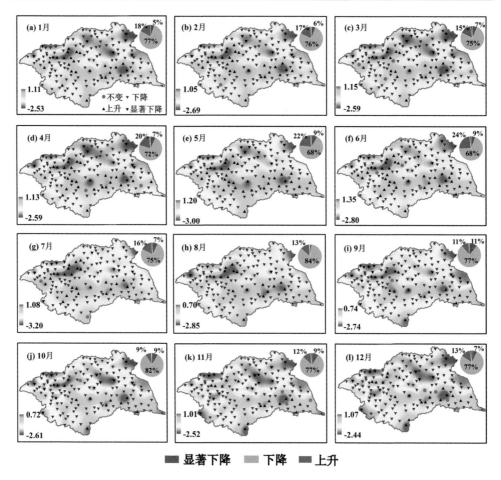

图 4-4　1962～2016 年月尺度干旱趋势变化图

从月尺度看，各月趋势与年趋势较为一致，总体干旱趋势是呈下降的趋势，趋势上升部分在图中呈现"Z"字形分布，随着月份的变化，"Z"字形也发生变化。由图 4-4 可知：1～6 月"Z"字形范围最广，平均上升占总数的 19.3%，表明"Z"字形区域在这阶段趋于湿润化发展，而在 7～12 月"Z"字形范围开始缩减，平均上升占总数的 12.3%，流域总体趋向于干旱化发展，这说明下半年的干旱情况较上半年严峻，而这一现象也与图 4-3 相呼应。在当前全球气候变暖、极端气候事件增多的大背景下，地区干旱整体上呈现加重的趋势，对农业生产带来不利的影响[17]。

流域中部和南部的干旱略有减少趋势，流域东部和西部的干旱有增加趋势，流域干旱呈上升趋势的站点占比为 18.1%，均未通过显著性水平检验，而流域干旱呈下降趋势的站点趋势变化大部分未通过显著性水平检验，22.8% 通过 0.01 显著性检验，表明淮河流域各地的干旱上升、下降趋势变化大多不显著，流域东北部和西南部干旱下降趋势显著(图 4-4)。

4.1.5　淮河流域干旱的多尺度时空模态分析

为了更好地了解淮河流域的干旱情况，对淮河流域 149 个站点 1962～2016 年的 SPEI 指数进行分解，探讨淮河流域的干旱空间分型。由 SPEI 年均变量场的 EOF 分解结果可知：在 1 个月、3 个月、12 个月(分别对应 SPEI01、SPEI03 、SPEI12)的尺度下，前三个特征向量的方差累积贡献率分别达 78.5%、76.5%和 68%(表 4-1)。

表 4-1　前三个特征向量对多尺度年平均 SPEI 场的方差贡献率

主要模态	贡献率		
	SPEI01	SPEI03	SPEI12
第一模态 EOF1	63.7	60.4	46.7
第二模态 EOF2	9.5	10.4	13
第三模态 EOF3	5.3	5.7	8.3

前三个模态的空间分布如图 4-5 所示，SPEI01 和 SPEI03 的空间模态全流域值一致为正值或负值时，表明淮河流域干旱分布具有一致性[图 4-5(a)、(b)、(d)、(e)]。

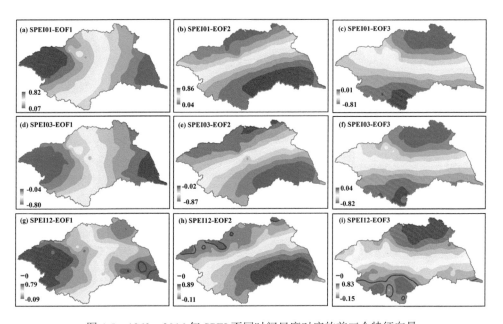

图 4-5　1962～2016 年 SPEI 不同时间尺度对应的前三个特征向量

而 SPEI12 全流域值不一致，第一模态中零线纵向将淮河流域分为两部分，零线以东为负，零线以西为正，表明淮河流域干旱具有东多(少)西少(多)的分布型[图 4-5(g)]；第三模态零线横向将淮河流域分为两部分，零线以北为正，零线以南为负，表明淮河流域以零线为界干旱呈相反的北多(少)南少(多)分布型[图 4-5(i)]。SPEI01、SPEI03 和 SPEI12 的空间分布具有一致性，第一模态呈经向分布，第二模态呈纬向分布，第三模态也呈纬向分布。

SPEI01 特征向量对应的时间系数第一模态总体呈下降趋势，由正值转为负值[图 4-6(a1)]，即表明第一模态具有"由湿转干"的变化特点；第二模态基本保持不变[图 4-6(a2)]；第三模态由负值转为正值[图 4-6(a3)]，即表明第三模态具有"由干转湿"的变化特点。

SPEI03 特征向量对应的时间系数第一模态总体呈上升趋势，由负值转为正值[图 4-6(b1)]，即表明第一模态具有"由干转湿"的变化特点；第二模态基本保持不变[图 4-6(b2)]；第三模态由负值转为正值[图 4-6(b3)]，即表明第三模态具有"由干转湿"的变化特点。

SPEI12 特征向量对应的时间系数第一模态总体呈下降趋势，由正值转为负值[图 4-6(c1)]，具有"由湿转干"的变化特点；第二模态由负值转为正值[图 4-6(c2)]，具有"由干转湿"的变化特点；第三模态由正值转为负值再转为正值[图 4-6(c3)]，则经历了"湿-干-湿"的轨迹变化。

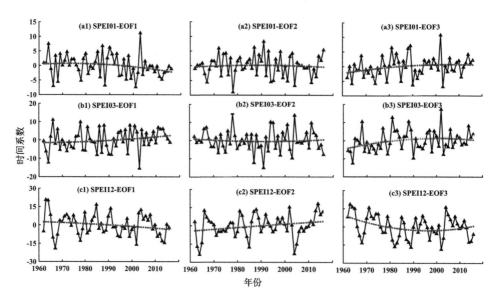

图 4-6　SPEI 年均变量场的前三个特征向量对应的时间系数

图 4-7 是淮河流域 149 个气象站点时间系数的 M-K 趋势图。由图 4-7 可知：时间系数趋势变化均未超过 0.05 的显著性水平检验。三种时间尺度下变化趋势在 ±1.96 线内波动，整体变化趋势不明显，未有显著的上升或下降趋势[18]。而流域降水整体呈下降趋势[19]，这也导致了年和月尺度具有"由湿转干"的特点。而季尺度变化特点与月、年尺度相反，虽有不同的干湿变化，但未通过显著性检验。主要由于淮河流域降水年际、年内变化大，春季和秋季降水呈减小趋势，夏季和冬季呈增加趋势[20,21]。从季节来看，水涝灾害增多、旱灾减弱变化趋势不显著，季节尺度的研究与郭冬冬等[22]的结果一致。在多时间尺度下将干旱进行分解可知，随着时间尺度的增大，特征向量的正负值分界线由复杂转向简单。当时间尺度减小，干旱的变化频率越清晰，而随着时间尺度增大，干旱的空间规律性越明显。在时间系数的变化上，随着研究时间尺度的增大，时间系数的变化频率逐渐减弱，而变化波动幅度逐渐增大，长时间尺度的 SPEI 对气候的响应减慢，可以更清楚地反映干旱变化的年际特征[8]。

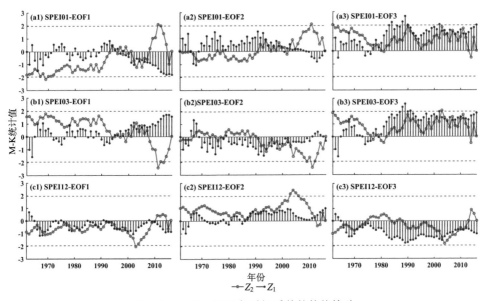

图 4-7　1962～2016 年时间系数的趋势检验

4.1.6　讨论

为了研究 SPEI 在淮河流域的适应性，获取到淮河流域 1981～2014 年的历年干旱受灾面积和成灾面积[23,24]（图 4-8）。从淮河流域 149 个站点中提取出安徽省、河南省、江苏省和山东省的相对应气象站点，由图 4-8 可知，干旱受灾面积和成灾面积较重的年份与干旱发生次数较为吻合。

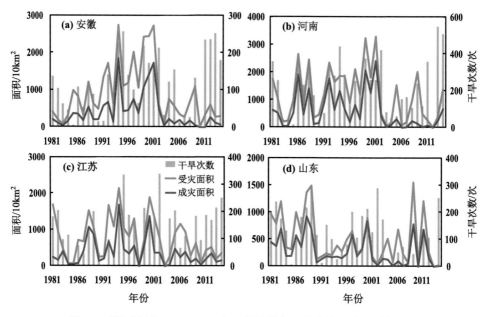

图 4-8　淮河流域 1981～2014 年干旱次数与干旱成灾、受灾面积对比

　　1981～2014 年，受灾、成灾面积与干旱次数的相关系数均为正值，两者存在正相关关系，随着干旱次数的增多，受灾面积与成灾面积也相应地增加。1981～2010 年，淮河流域干旱次数与受灾、成灾面积的变化相互对应[25,26]；2010 年以后，淮河流域安徽、河南与江苏地区受灾、成灾面积大幅度降低，随着干旱次数的增多，其受灾面积与成灾面积却在降低，而山东地区则与之相反。主要原因是 2010 年后国家发布中央一号文件，要求加强水利设施建设，而山东全省水利工程主要建于"大跃进"及"文革"期间，工程质量差且大多已运行 50 年以上，年久失修，老化退化极为严重，实际拦蓄能力较低，工程设施建设时标准不高，设施配套不全，遇连续干旱，难以满足抗旱需要[27]。

　　1981～2010 年干旱次数与受灾面积、成灾面积的相关系数均通过了 0.05 的显著性水平检验(图 4-9)；而 1981～2014 年干旱次数与受灾面积、成灾面积均通过 0.1 的显著性水平检验。受灾、成灾面积与淮河流域干旱次数相关系数较大的年份主要位于 1981～2010 年，特别是河南省区域相关性最大(0.65)，且通过了 0.01 的显著性水平检验，表明该区域的干旱次数与成灾、受灾面积直接相关。江苏省的干旱次数与受灾面积的相关系数(0.35)高于成灾面积的相关系数(0.32)，由于该区域降水年际变化大，年内分配不均，整体抗旱水平不高，随着国家积极推进抗旱系统工程建设，积极应对干旱灾害，加强抗旱应急工程建设，增加抗旱灌溉设施的修建[28]，干旱次数与成灾面积相关系数下降了 0.03，显著性下降 5%。而山东省则正好相反，干旱次数与受灾面积的相关系数(0.36)低于成灾面积的相关系数(0.45)，由于山东省长时间降水量及降水日数持续偏少，引起地下水的连年减少，导致成灾面积的扩大[29,30]。

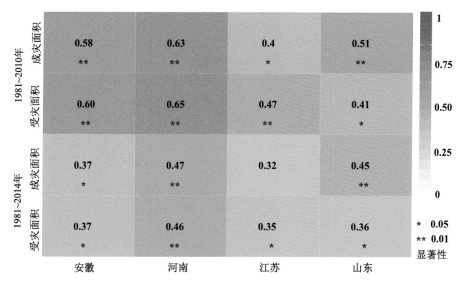

图 4-9　淮河流域各省份干旱次数与干旱成灾、受灾面积相关性分析

4.2　淮河流域干旱时空演变特征及定量归因研究

4.2.1　淮河流域干旱空间演变分析

图 4-10 是基于 SPEI 的 1962～2016 年月尺度干旱时空发展过程。从整体来看，干旱空间分布从淮河流域中心向四周减少，且大多沿河流分布，表明干旱过程为全流域性干旱-局部干旱-全流域性干旱的变化。从季节来看，春季干旱重心主要在淮河流域中部，少数沿河流分布，表明春季干旱为全淮河流域的，局部区域春旱发生较少；夏季干旱主要发生在淮河流域中部，并渐次南移，表明夏季干旱的演变由全流域到局部演变，且淮河流域南部区域夏季干旱；秋季干旱重心较均匀地分布于各区域，表明淮河流域干旱从区域性干旱转变为局部性干旱，东北部和西部干旱增加；冬季干旱重心空间分布又开始从局部发生干旱转向全流域性发生干旱。

图 4-11 是基于 SPEI 的 1962～2016 年年代际干旱时空发展过程。从整体来看，淮河流域中部干旱重心分布最多，并向四周扩散，且有年代际变化。1962～1969年主要分布在西北-东南的线路上，全流域性干旱虽然经常发生，但是局部干旱也比较严重；1970～1979 年淮河流域干旱严重，以局部干旱为主，全流域性干旱减

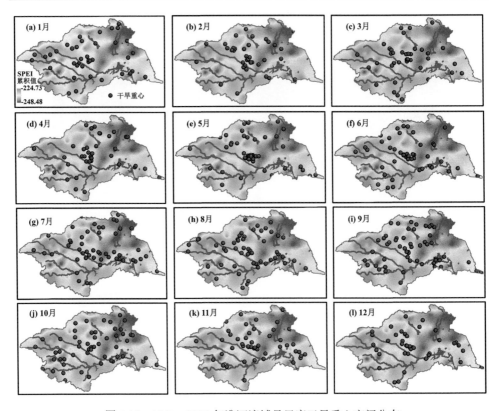

图 4-10　1962～2016 年淮河流域月尺度干旱重心空间分布

少，干旱重心分布转移到中部及西部，东部较少；1980～1989 年干旱重心分布较为均匀，以局部发生干旱为主，全流域性干旱减少，较之前十年，西部的变化不大，东部急剧增长；1990～1999 年，干旱重心分布中部增多，东部分布迅速减少，西部增多；2000～2009 年，干旱重心分布东部明显增多，西部减少，东南部增加明显，干旱以全流域性为主，局部干旱减少；2010～2016 年，干旱分布中部较多，干旱重心空间分布向北转移。这与方国华等[31]的研究结果一致。

　　图 4-12 是基于 SPEI 的 2013 年淮河流域干旱时空过程。2013 年干旱重心以西北部-中部-西南部-中部这一次序发生变化，上半年淮河流域干旱重心分布在中部、西部，下半年主要集中在中部、东部。当干旱中心在西部发生的时候，SPEI 累积值较高，当干旱重心分布在中心位置的时候，SPEI 累积值较低，虽然中部干旱发生次数多，但是干旱程度较西部低。主要是因为当淮河流域发生全流域性干旱的时候，干旱程度都比较低，而发生局部干旱的时候往往比较严重。春季发生严重的干旱，干旱面积覆盖了流域的 58%，主要集中在中部和西部，降雨量较历年同期偏少 40%[32]；夏季干旱面积覆盖流域的 48%，主要集中在西南部、中部，

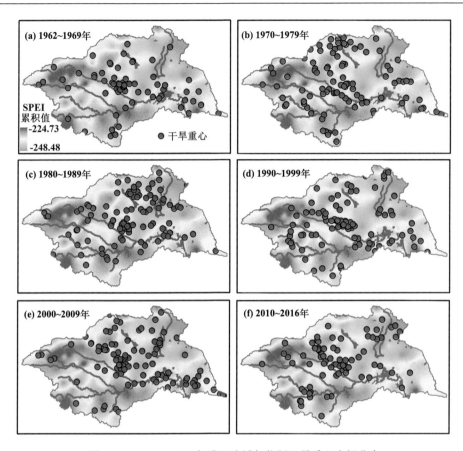

图 4-11　1962～2016 年淮河流域年代际干旱重心空间分布

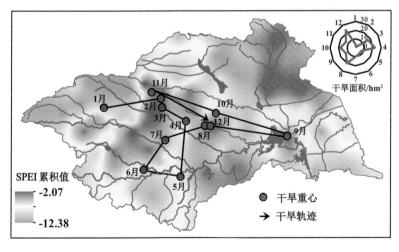

图 4-12　2013 年淮河流域干旱时空变化

呈现出先洪后旱、旱涝交替的局面，然后受副热带高压长期控制，全流域爆发干旱[32]；秋季干旱面积覆盖了流域的 54%，干旱重心从东南向西北转移，对应的干旱面积也呈现出"低-高-低"的趋势；冬季干旱面积覆盖了流域的 34%，分布比较分散，干旱逐渐减少。

4.2.2 气候指标对淮河流域干旱空间特征的影响

根据南方涛动指数(SOI)划分冷暖事件[33]，划分 1962~2016 年冷暖事件的结果如图 4-13 所示。在研究期间共发生冷暖事件 36 次，其中，冷事件发生了 16 次，暖事件发生了 20 次。在研究期间暖事件发生的总频次>冷事件发生的总频次。从持续时间来看，在 1970.3~1972.3 暖事件持续了最长的 24 个月，而 1977.1~1978.4 冷事件持续了最长的 15 月；从发生的季节来看，冷事件主要开始于夏、秋季节，而暖事件主要发生于春、夏季节；发生冷暖事件较为频繁的季节为秋季与冬季，且冷暖事件大多在春季时结束，占总事件的 41%。

基于旋转经验正交分解，对 SPEI 进行旋转经验正交分解后得到前三个主要模态的解释方差见表 4-2。前三个模态的累积解释方差均超过总方差的 50%，选择旋转正交经验函数(REOF)旋转下的前三个模态。由 SPEI 春、夏、秋、冬季节变量场的 REOF 分解结果可知：在春、夏、秋、冬季节尺度下，前三个主要特征向量的方差累积贡献率分别达 85.3%、65.2%、69.4% 和 87.4%(表 4-2)。

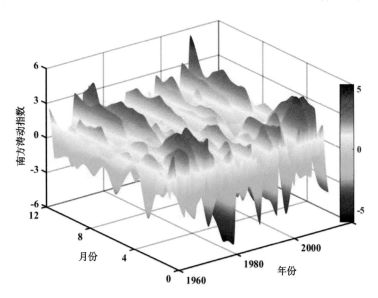

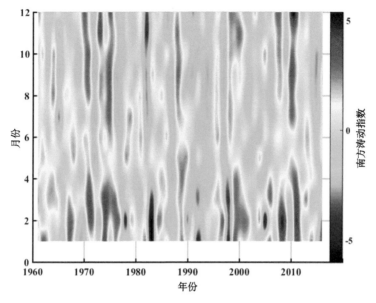

图 4-13　南方涛动指数冷暖事件的划分

表 4-2　前三个特征向量对春、夏、秋、冬 SPEI 的方差贡献率

主要模态	贡献率			
	春季	夏季	秋季	冬季
第一模态 REOF1	74.2	44.3	49.4	73.7
第二模态 REOF2	7.6	13.8	11.9	8.8
第三模态 REOF3	3.5	7.1	8.1	4.9

　　前三个模态的空间分布如图 4-14 所示，春、夏、秋、冬分别为 a、b、c、d，空间模态分为三个模态(分别为 1、2、3)。春季和冬季空间模态全流域值一致为正值或负值时，表明淮河流域干旱分布的一致性。夏季第一模态中零线纵向将淮河流域分为东西两部分，干旱具有东多(少)西少(多)的分布型，淮河流域西部有显著的逐年递减趋势，东部则有逐渐增大的特点；第二、三模态零线横向将淮河流域分为南北两部分，淮河流域以零线为界，干旱呈相反的北多(少)南少(多)分布型，淮河流域西部有显著的逐年递减趋势，东部则有逐渐增大的特点。秋季第一模态与夏季一致，第二模态全流域值一致，第三模态则与夏季相反，零线横向将淮河流域分为南北两部分，表明在不同模态下，淮河流域干旱空间分布类型不同。在空间中，春、夏、秋、冬的空间模态分布大体具有一致性，第一模态空间呈经向分布，第二模态空间呈纬向分布，第三模态空间也呈纬向分布。

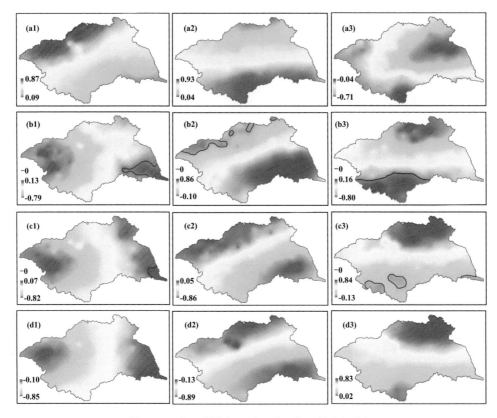

图 4-14　淮河流域春、夏、秋、冬干旱空间特征

4.2.3　气候指标对淮河流域干旱变化影响

　　气候指标对淮河流域干旱的影响如图 4-15 所示。从空间特征来看，气候指标 WP 与淮河流域干旱的相关关系为正相关，从东北部向西南部递减，都通过了 0.05 的显著性检验，对淮河流域各地区均有影响。MEI、BEST、GTI、Niño3.4、Niño3、PNA、Niño4、ONI、Niño2、WHWP 对淮河流域干旱的影响从东南到西北递减，对淮河流域干旱呈现东正西负的相关关系，这与图 4-13 中淮河流域干旱存在东西相反型的结果相符。其中 MEI、BEST、Niño3.4、Niño4、ONI 在淮河流域南部呈显著正相关，说明气候指标影响淮河流域南部干旱，Niño3、Niño2、WHWP 则影响淮河流域东南部干旱。GTI、PDO 则对淮河流域南部干旱呈正相关关系，对淮河流域北部呈负相关关系。研究表明 PDO 为冷位相时，造成淮河流域夏季降水偏多，呈现负相关关系；反之 PDO 为暖位相时，造成淮河流域降水偏少，呈现正相关关系[34]，这与图 4-14 中淮河流域干旱存在南北相反型的结果一致。SOI 则与上述气候指标相反，淮河流域干旱从南向北递增，且在南部呈显著负相关关系。

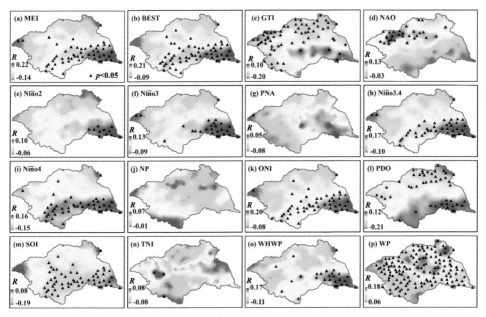

图 4-15　气候指标与淮河流域干旱的遥相关关系

　　从时间特征来看，气候指标与季节干旱时间分量的关系如图 4-16 所示。由图 4-16 可知，PDO、ONI、Niño4、Niño3.4、MEI、BEST 与干旱均呈正相关关系（$p<0.05$），SOI、TNI 与干旱则呈负相关关系（$p<0.05$）。SOI 与 PDO、ONI、Niño4、Niño3.4、MEI、BEST 等气候指标均为负相关关系（$p<0.01$）。PDO 与夏季、秋季和冬季干旱呈显著正相关关系，而与春季干旱存在负相关关系。SOI 与当年淮河流域干旱呈负相关关系，在夏季和秋季呈显著相关关系，冬季干旱的变化则呈不显著相关关系。从淮河流域春、夏、秋、冬时间分量与气候指标之间的相关关系看，淮河流域主要影响因子是 SOI、PDO、ONI、Niño4、Niño3.4、MEI、BEST 等。

4.2.4　淮河流域 SPEI 值和气候指标的周期特征分析

　　从图 4-17 可以看出，表征淮河流域干旱春、夏、秋、冬 SPEI 和 SOI、PDO、Niño3.4、MEI、Niño3 气候指标在不同时间段呈现出不同的振荡周期和显著性水平。春季在 1965～1969 年和 1977～1983 年存在 2～3.5a、2.5～4.5a 的显著周期，夏季在 1983～1989 年存在 4.4～4.7a、3.0～3.5a 的显著周期，秋季在 1995～2005 年存在 3.1～3.2a 和 3.5～4.2a 的显著周期，冬季在 1968～1976 年、1983～2001 年存在 3.5～4a 和 4～5a 的显著周期，SOI 在 1967～1973 年和 1976～1988 年存在 3.4～4a 和 3.7～4.5a 的显著周期，PDO 在 1983～1999 年存在 3.5～3.8a 和 4～4.5a 的显著周期，Niño3.4 在 1968～1973 年和 1982～1996 年存在 3.5～4a 和 3.7～4.5a

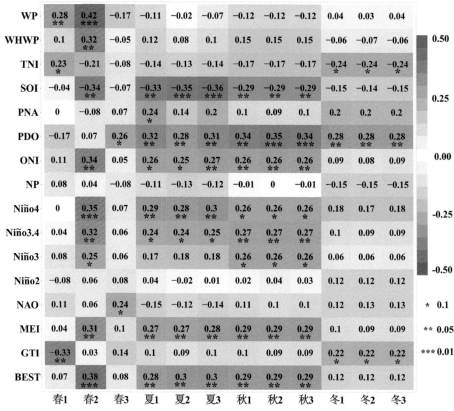

图 4-16　REOF 春、夏、秋、冬时间分量与气候指标之间的相关关系

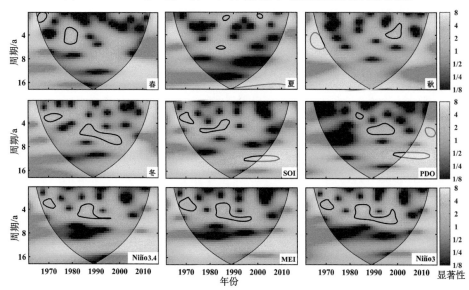

图 4-17　淮河流域 SPEI 值和气候指标的周期分析

的显著周期，MEI 在 1967～1974 年和 1982～1998 年存在 3.4～4a 和 3.7～4.5a 的显著周期，Niño3 在 1968～1973 年、1982～2000 年存在 3.5～4a 和 3.7～4.6a 的显著周期，均通过置信水平为 95%的红噪声检验。

　　春季在 1970 年左右与各气候指标相对应，夏季则不明显，秋季对应在 21 世纪头十年左右，冬季与各气候指标最为贴近，在 20 世纪 70 年代左右和 1980 年到 21 世纪头十年呈现 3.5～4.5a 的显著周期，说明春、夏、秋、冬干旱和各气候指标有相似的振荡周期变化，说明气候指标显示淮河流域干旱的变化，并对淮河流域干旱在较短年际周期交替上有着重要的指示作用。

4.2.5　环流特征对淮河流域干旱影响分析

　　选择 1948～2016 年的 NCEP/NCAR 再分析资料，对春、夏、秋、冬 250hPa、500hPa、850hPa 位势高度进行分析(图 4-18 和图 4-19)。对春季位势高度进行 REOF 分解发现，在 250hPa 层面上，位势高度场呈"高-低-高"的纬向分布，最高值在赤道附近，淮河流域位于中心的北部；在 500hPa 层面上，位势高度场呈"高-低-高"的分布，最低值在蒙古附近；在 850hPa 层面上，位势高度场呈"高-低-高"的纬向分布，最低值在蒙古附近，淮河流域位于中心的东南部。淮河流域在 850hPa

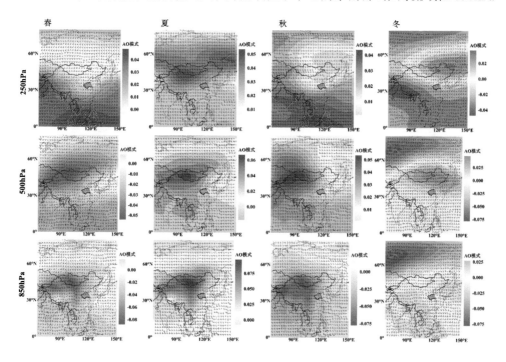

图 4-18　春、夏、秋、冬 250hPa、500hPa、850hPa 位势高度 REOF 第一模态空间分布和平均风场分析

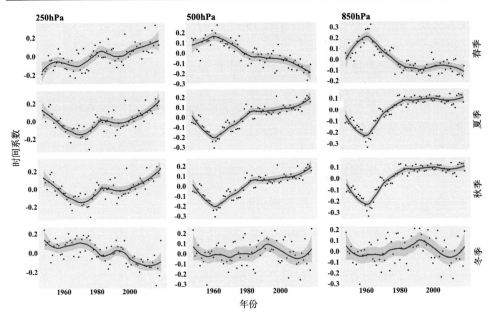

图 4-19　春、夏、秋、冬 250hPa、500hPa、850hPa 位势高度时间序列

与 250hPa 位置呈现相反型，在 850hPa 中来自北半球极地和高纬度地区的气流，向淮河流域北部和西部蔓延，导致淮河流域春季北部气温较南部高；而淮河流域在 250hPa 中从印度洋和孟加拉湾的气流逐渐减弱,造成淮河流域春季南部降水较北部多，故淮河流域北部较南部多春旱，这个结果与马开玉的研究[35]一致，也与图 4-11 干旱面积的变化相符合。从时间序列上看，整个区域的位势高度波动范围较大但整体上呈"下降-上升-下降"循环的过程。

对夏季位势高度进行 REOF 分解发现，在 250hPa 层面上，夏季存在两个异常，一个异常反气旋大体位于 50°N 附近，另一个异常反气旋大体位于 40°N 附近。蒙古境内存在明显的异常反气旋性环流，气旋中心位势高度增加趋势显著，这种异常表明了在夏季东亚地区从高纬度到低纬度区域形成的"低-高-低"型位势高度异常。在 500hPa 层面上,从高纬度到低纬度呈现"低-高-低"型位势高度分布，下沉气流依然盛行，淮河流域形成西高东低的态势，不利于降水的发生。这与 250hPa 分布基本一致。在 850hPa 层面上，850hPa 位势高度场上东亚地区从高纬度到低纬度存在"低-高-低"型分布。在这种位势高度场布局下，蒙古气旋偏弱使我国西路水汽输送减弱[36]，而在风矢量异常上，淮河流域被异常偏北风覆盖，夏季风经向分量的偏弱使来自低纬海洋的暖湿水汽输送减弱[37]，降水减少。淮河流域受副热带高压控制西移和梅雨锋的偏南影响[38,39]，晴热少雨，进入伏旱。从时间序列上看，整个区域的位势高度波动范围较大但整体上呈"下降-上升-下降"循环的过程。

对秋季位势高度进行 REOF 分解发现，在 250hPa 层面上，位势高度场呈"北低南高"的纬向分布，位势高度表现为负异常达到 0.02，最高值在赤道附近，呈现南北相反型；在 500hPa 层面上，位势高度场呈"低-高-低"的经向分布，呈现东西相反型，淮河流域处于高压东部，受大陆暖高压控制，盛行西北气流，不利于降水出现；在 850hPa 层面上，位势高度场呈"高-低-高"纬向分布。位势高度最低值在内蒙古地区，偏北风与偏南风在淮河流域处交会，西侧受来自印度洋和孟加拉湾的气流，增温增湿，东侧被北方的干冷气团所控制，干旱少雨。王秀文等[40]研究发现，秋季淮河流域干旱少雨主要是副高西伸脊点异常偏西，且脊线位置持续偏北和强度偏强的结果。

对冬季位势高度进行 REOF 分解发现，在 250hPa 层面上，位势高度场呈"北高南低"的纬向分布，位势高度表现为正负异常达到 0.04，正异常位于东北地区，负异常则位于青藏高原，呈现东西相反型；在 500hPa 层面上，位势高度场呈"低-高-低"的经向分布，呈现东西相反型，正值位于中国东北地区，淮河流域处于反气旋的南部，盛行东南风，淮河流域带来太平洋气流增温增湿，从东部向西部递减；在 850hPa 层面上，位势高度场呈"由低到高"纬向分布，位势高度表现为正负异常达到 0.075，负异常位于西伯利亚，冬季西伯利亚高压南下，风力逐渐减弱[41]，当移动到淮河流域时，气团干冷，盛行下沉气流，多晴朗少云天气，易引发干旱。从时间序列上讲，整个区域的冬季位势高度波动范围较大，但整体上呈"下降-上升-下降"循环的过程。

4.2.6　讨论

在气候变暖背景下研究干旱，SPEI 在淮河流域的干旱监测与分析中具有较好的适用性[42]。气候指标中 PDO、ONI、Niño4、Niño3.4、MEI、BEST 与干旱均呈正相关关系，SOI、TNI 则呈负相关关系，而 SOI 与 ONI、MEI 等呈负相关关系（$p<0.01$）。由 SOI 划分的不同冷暖事件下，淮河流域干旱累积值、出现次数的差异性不同（图 4-20）。淮河流域干旱在暖期高值出现在中部及西南部，冷期高值出现在东北部。无论处于何种位相时，淮河流域都有一定的发生干旱的概率，但存在区域差异性。

当处于 SOI 冷期时，淮河流域东北部、西北部发生干旱的概率较大［图 4-20（b）和图 4-20（d）］；当处于 SOI 暖期时，则是中部及西南部发生干旱的概率较大［图 4-20（a）和图 4-20（c）］。相较于 SOI 暖期，淮河流域干旱在 SOI 冷期发生的概率更大且易发地区更集中。在 1962～2016 年的 SOI 冷期内，淮河流域受影响较显著的东北部超过 50%，最显著的地方达到了 60%；当处于 SOI 暖期时，淮河流域出现干旱的概率较为均匀，与冷期相反，主要集中在中部和南部。从干旱累积值可知，干旱值暖期>冷期，这与暖事件>冷事件发生次数结果相一致；从干旱出现次数比可知，冷事件>暖事件出现次数比。

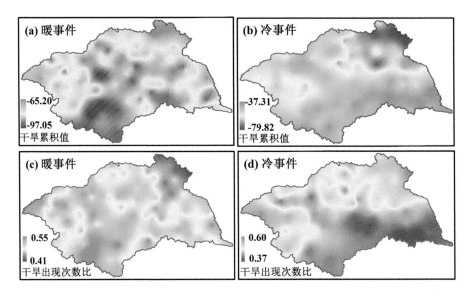

图 4-20　干旱在气候指标冷暖期内累积值、出现次数百分比的差异

　　大气环流的规律性运动和异常是形成淮河流域干旱的重要原因，不同冷暖期间，其对淮河流域的影响不同。当气候指标(ENSO)位于低相位时，赤道东太平洋海温升高、西太平洋海温降低，东亚季风减弱，西太平洋副热带高压位置南移，使得中国主要季风雨带偏南，淮河流域降水减少[43]。而贝加尔湖低压槽明显，乌拉尔山和鄂霍次克海为高压脊，南亚高压偏强偏东，东亚副热带高空西风急流偏强，热带东风急流减弱，淮河流域降水减少[44]，导致干旱频发。

　　本书从气候指标、大气环流等方面探讨了其对干旱的影响，但这不足以阐释干旱发生的所有原因，形成干旱的原因还有很多，如下垫面因素、水利工程等，有待进一步的研究。

4.3　小　　结

　　本书基于 SPEI 和 EOF 分解等方法，分析了 1962～2016 年淮河流域干旱时空演变特征，探讨了干旱时间变化规律和空间分布模态，并从干旱与气候指标的关系、周期特征、干旱的空间分布和环流特征等方面定量分析淮河流域干旱特征，揭示了淮河流域干旱发生的时空变化特征及干旱发生的机制原因，最后得出以下几个结论：

(1)淮河流域总体呈干旱化的趋势,其中呈上升湿润趋势的站点所占比例约为 18.1%,在图 4-4 中呈现"Z"字形分布。而 SPEI 下降趋势较明显,极少数地区有显著下降的趋势,平均比重约为 22.8%,通过了 0.01 的显著性检验。淮河流域旱灾发生频繁,发生重旱和特旱的次数占总干旱次数的比重是 20.0%,其中重旱和特旱在 20 世纪 60 年代比重最大(24.8%);淮河流域东北部和西南部易发生轻旱及中旱,重旱及特旱较少。结合淮河流域灾害大典历史旱情记录以及干旱受灾和成灾面积检验可知,在 1966~1967 年、1978~1979 年、1994 年、1999~2003年、2011 年、2013~2014 年与淮河流域历史典型旱年非常吻合,表明 SPEI 能较好地判断出淮河流域典型旱年,且在淮河流域的干旱监测中有较好的区域适应性。

(2)淮河流域年均干旱空间分布主要呈中心对称分布,干旱发生频率为:流域东北部>西北部,西南部>东南部。从发生频率看,干旱发生频率在增加;从干旱趋势看,淮河流域呈现干旱化趋势,表明淮河流域干旱对农业生产的不利影响有增加的趋势。淮河流域干旱空间分布主要有三个主要模态,在三个时间尺度下,前三个主要特征向量的方差累积贡献率分别达 78.5%、76.5% 和 68%(表 4-1)。前三个分布型为全流域干旱日数一致多或少型、南北相反型及东西相反型。研究 SPEI 在淮河流域多时间尺度干旱研究中的应用,有利于揭示干旱发生规律,为进一步预测气候变化背景下干旱发展趋势及农业干旱监测与防治提供科学依据。

(3)从干旱的演变轨迹看,干旱重心从淮河流域中心向四周减少。干旱主要呈现从全流域性发生干旱向局部发生干旱,再转向全流域性发生干旱的转变。2013年干旱重心从西北部-中部-西南部-中部发生变化,干旱重心随着面积的增大(减小)向中心(边缘)移动。

(4)气候指标对淮河流域干旱遥相关分析可知,PDO、ONI、Niño4、Niño3.4、MEI、BEST 与 SPEI 均呈正相关关系($p<0.05$),SOI、TNI 与 SPEI 则呈负相关关系($p<0.05$)。当处于 SOI 冷期时,淮河流域北部发生干旱的概率和强度较大;当处于 SOI 暖期时,则是中部及南部发生干旱的概率和强度较大。春季和冬季干旱全流域为一致型,夏季和秋季干旱为东西相反分布型和南北相反分布型。在不同模态下,淮河流域干旱空间分布类型不同。而在空间中,春、夏、秋、冬的空间模态分布大体具有一致性,第一模态呈经向分布,第二模态呈纬向分布,第三模态也呈纬向分布。

(5)从年周期看,淮河流域干旱周期时段主要集中在 20 世纪 70 年代、20 世纪 90 年代和 21 世纪头十年,且主要存在 2~5a 的显著周期,SOI、PDO、Niño3.4、MEI、Niño3 气候指标在 3.4~4.5a 存在显著周期。分析环流特征对淮河流域干旱的影响发现淮河流域干旱变化:春季高纬度地区的气流南下,遇上印度洋和孟加拉湾的北上气流造成南湿北干；夏季蒙古气旋偏弱和异常偏北风覆盖造成东干西湿；秋季受大陆高压控制，偏北风和南风相互影响造成东干西湿；冬季盛行下沉气流和盛行东南风造成东湿西干。

参 考 文 献

[1] Gobena A K, Gan T Y. Assessment of trends and possible climate change impacts on summer moisture availability in Western Canada based on metrics of the Palmer drought severity index[J]. Journal of Climate, 2013, 26(13): 4583-4595.

[2] Mckee T B, Doesken N J, Kleist J. The relation of drought frequency and duration to time scales [C]//Proceedings of the Eighth Conference on Applied Climatology American Meteorological Society Boston, 1993: 179-184.

[3] Manatsa D, Mushore T, Lenouo A. Improved predictability of droughts over southern Africa using the standardized precipitation evapotranspiration index and ENSO[J]. Theoretical and Applied Climatology, 2015, 127(1-2): 1-16.

[4] Vicente-Serrano S M, Beguería S, Lópezmoreno J I. A multiscalar drought index sensitive to global warming: The standardized precipitation evapotranspiration index[J]. Journal of Climate, 2010, 23(7): 1696-1718.

[5] Yang C G, Yu Z B, Hao Z C, et al. Impact of climate change on flood and drought events in Huaihe River basin, China[J]. Hydrology Research, 2012, 43(1/2): 14-22.

[6] Allen R G, Pereira L S, Raes D, et al. Crop Evapotranspiration-guidelines for Computing Crop Water Requirements[M]. Rome: FAO Irrigation and Drainage, 1997: 1-15.

[7] 中国气象科学研究院, 国家气象中心, 中国气象局预测减灾司. 气象干旱等级: GB/T 20481—2006[S]. 北京: 中国标准出版社, 2006: 39-42.

[8] 沈国强, 郑海峰, 雷振锋. 基于SPEI指数的1961—2014年东北地区气象干旱时空特征研究[J]. 生态学报, 2017, 37(17): 5882-5893.

[9] Gocic M, Trajkovic S. Analysis of changes in meteorological variables using Mann-Kendall and Sen's slope estimator statistical tests in Serbia[J]. Global and Planetary Change, 2013, 100(1): 172-182.

[10] 魏凤英. 现代气候统计诊断与预测技术. 2版[M]. 北京: 气象出版社, 2007.

[11] 王文圣, 丁晶, 衡彤, 等. 水文序列周期成分和突变特征识别的小波分析法[J]. 工程勘察, 2003, (1): 32-35.

[12] 郑晓东, 鲁帆, 马静, 等. 基于标准化降水指数的淮河流域干旱演变特征分析[J]. 水利水电技术, 2012, 43(4): 102.

[13] 温克刚. 中国气象灾害大典. 综合卷[M]. 北京: 气象出版社, 2008.

[14] 徐泽华, 韩美. 山东省干旱时空分布特征及其与ENSO的相关性[J]. 中国生态农业学报, 2018, 26(8): 1236-1248.

[15] 陈小凤, 王再明, 胡军, 等. 淮河流域近60年来干旱灾害特征分析[J]. 南水北调与水利科技, 2013, 11(6): 20-24.

[16] 唐侥, 孙睿. 基于气象和遥感数据的河南省干旱特征分析[J]. 自然资源学报, 2013, 28(4): 646-655.

[17] 黄晚华, 杨晓光, 李茂松, 等. 基于标准化降水指数的中国南方季节性干旱近 58a 演变特征 [J]. 农业工程学报, 2010, 26(7): 50-59.

[18] 谢五三, 田红, 王胜, 等. 基于 CI 指数的淮河流域干旱时空特征研究[J]. 气象, 2013, 39(9): 1171-1175.

[19] Ye Z W, Li Z H. Spatiotemporal variability and trends of extreme precipitation in the Huaihe River Basin, a climatic transitional zone in East China[J]. Advances in Meteorology, 2017, 2017, (1): 1-15.

[20] Shi P, Ma X X, Chen X, et al. Analysis of variation trends in precipitation in an upstream catchment of Huai River[J]. Mathematical Problems in Engineering, 2013, 2013: 1-11.

[21] 聂兵, 沈非, 徐光来, 等. 安徽省近 50 年降水时空变化分析[J]. 安徽师范大学学报(自然科学版), 2017, 40(6): 574-579.

[22] 郭冬冬, 郭树龙, 李彩霞, 等. 基于 SPI 的淮河流域旱涝时空分布特征研究[J]. 灌溉排水学报, 2014, 33(6): 117-121.

[23] 宁远. 淮河流域水利手册[M]. 北京: 科学出版社, 2003.

[24] 水利部淮河水利委员会水文局. 淮河流域片水旱灾害分析[R]. 安徽省水利部淮河水利委员会, 2002.

[25] 夏敏, 孙鹏, 张强, 等. 基于 SPEI 指数的淮河流域干旱时空演变特征及影响研究[J]. 生态学报, 2019, 39(10): 3643-3654.

[26] 孙玉燕, 孙鹏, 姚蕊, 等. 1961—2014 年淮河流域极端气温时空特征及区域响应[J]. 中山大学学报(自然科学版), 2019, 58(1): 1-11.

[27] 王文举, 崔鹏, 刘敏, 等. 近 50 年湖北省多时间尺度干旱演变特征[J]. 中国农学通报, 2012, 28(29): 279-284.

[28] 林峰. 山东省旱灾变化规律及减灾对策[J]. 水利科技与经济, 2005, 11(8): 457-458.

[29] 李长祝. 山东省 80 年代旱情及水资源供需浅析[J]. 水文, 1992, (s1): 20-22.

[30] 苑文华, 王瑜, 张慧. 2010—2011 年秋冬季山东特大气象干旱特征及成因分析[C]. 中国气象学会年会 s2 灾害天气监测、分析与预报, 2014.

[31] 方国华, 涂玉虹, 闻昕, 等. 1961—2015 年淮河流域气象干旱发展过程和演变特征研究[J]. 水利学报, 2019, 50(5): 598-611.

[32] 水利部淮河水利委员会. 治淮汇刊年鉴 2014[M]. 蚌埠: 《治淮汇刊年鉴》编辑部, 2014: 175-204.

[33] 许武成, 王文, 马劲松, 等. 1951—2007 年的 ENSO 事件及其特征值[J]. 自然灾害学报, 2009, 18(4): 18-24.

[34] 程乘, 朱益民, 丁黄兴, 等. 中国东部地区夏季降水和环流的年代际转型及其与 PDO 的联系[J]. 气象科学, 2017, 37(4): 450-457.

[35] 马开玉. 淮河流域 3-11 月降水的气候学特征[J]. 气象科学, 1988, (4): 88-102.

[36] 庞轶舒, 祝从文, 马振峰, 等. 东亚夏季环流多齿轮耦合特征及其对中国夏季降水异常的影响分析[J]. 大气科学, 2019, 43(4): 875-894.

[37] 徐敏, 丁小俊, 罗连升, 等. 淮河流域夏季旱涝急转的低频环流成因[J]. 气象学报, 2013, 71(1): 86-95.

[38] 苏同华, 薛峰. 东亚夏季风环流和雨带的季节内变化[J]. 大气科学, 2010, 34(3): 611-628.

[39] Xiang B, Wang B, Yu W, et al. How can anomalous western North Pacific subtropical high intensify in late summer?[J]. Geophysical Research Letters, 2013, 40(10): 2349-2354.

[40] 王秀文, 李峰, 阿布力米提·司马义. 淮河流域秋季干旱少雨的成因分析[J]. 气象, 2002, 28(10): 50-52.

[41] 袁云, 李栋梁, 安迪. 基于标准化降水指数的中国冬季干旱分区及气候特征[J]. 中国沙漠, 2010, 30(4): 917-925.

[42] 夏敏, 孙鹏, 张强, 等. 基于 SPEI 指数的淮河流域干旱时空演变特征及影响研究[J]. 生态学报, 2019, 39(10): 3643-3654.

[43] 卢爱刚, 葛剑平, 庞德谦, 等. 40a 来中国旱灾对 ENSO 事件的区域差异响应研究[J]. 冰川冻土, 2006, 28(4): 535-542.

[44] 罗连升, 徐敏, 何冬燕. 2000 年以来淮河流域夏季降水年代际特征及大气环流异常[J]. 干旱气象, 2019, 37(4): 540-549.

第5章 淮河中上游水文干旱演变特征研究

5.1 淮河中上游径流过程时空变化特征

淮河流域中上游地处南北气候过渡带,淮河以北属暖温带区,淮河以南属北亚热带气候区(图5-1)。淮河流域是我国重要的商品粮基地,也是我国人口密集、社会经济发展潜力最大的地区之一。淮河流域以占全国10%的耕地面积生产了全国近20%的粮食,为国家粮食安全提供了强有力的保障。由于受气候、地理环境及人类活动等因素影响,淮河流域水旱灾害频繁发生,对国家粮食安全和经济发展造成重要影响。近年来,许多学者对淮河流域降水变化、旱涝灾害等方面做了大量研究工作。研究表明,淮河流域近50年来,年降水量呈平稳状态,但变幅较大,加大了该流域洪旱灾害风险;厄尔尼诺现象对淮河流域的强降水影响较大,尤其是太平洋东部冷事件影响最大。目前,对淮河流域径流的研究多集中于农业干旱、风险评估等方面,而径流时空变化特征及成因分析还需要进一步的研究。径流的时空变化直接影响着灌溉、发电、防洪和航运等,深入开展淮河流域径流演变特征的研究,对淮河流域旱灾的综合防灾减灾及农业灌溉管理与水资源优化配置具有重要的理论价值与实践意义。

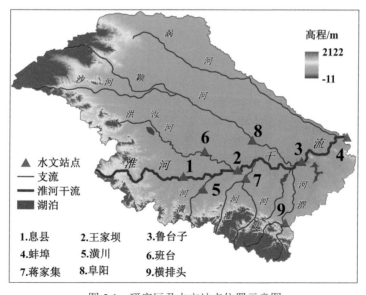

图 5-1　研究区及水文站点位置示意图

5.1.1　研究方法

1. 变差系数和年际极值比

变差系数(coefficient of variation，Cv)和年际变化绝对比率主要反映年径流量年际相对变化幅度特征，Cv 值大，表示径流年际变化大，不利于对水力资源的利用，且易发生洪涝灾害，反之则反[1]。变差系数计算公式如下：

$$Cv = \frac{\sigma}{\bar{x}} \tag{5-1}$$

$$\sigma = \sqrt{\frac{\sum_{i=1}^{12}(x_i - \bar{x})^2}{12}} \tag{5-2}$$

$$\bar{x} = \frac{1}{12}\sum_{i=1}^{12} x_i, i = 1,2,3,\cdots,12 \tag{5-3}$$

式中，x_i 表示第 i 月的径流量；$\bar{x}$ 为 12 个月径流量的平均值。

年际极值比即多年最大年径流量与多年最小年径流量的比值，也可反映径流年际变化幅度[1]。

2. 变异点诊断方法

近几十年来，国内水文序列变异点的诊断研究不断改进，从最早使用的单一方法到综合诊断的研究，使得变异点的诊断精度不断提高。而变异点识别在区分气候变化和人类活动对水文过程的影响过程中起着重要的作用[2]。本节采用 M-K 非参数检验法、累积距平法、有序聚类法、李-海哈林法、滑动 t 检验法、滑动 F 检验法、滑动游程检验法及滑动秩和检验法进行变异点诊断。

3. 水文干旱的识别

依据游程理论[3]将干旱分为干旱历时(D)和干旱烈度(S)，大部分学者建议将游程理论阈值设定为介于流量 70 分位数(Q70)和流量 95 分位数(Q95)之间[3,4]。为了全面分析淮河流域的干旱特征，本书选取 Q70 为游程的截断水平，定义当日径流量小于 Q70 时为初步发生了一次干旱事件，干旱事件游程长度为干旱历时 D(单位为 d)，干旱烈度(S)为每次干旱事件日径流量与阈值流量差值的累计和。游程理论在统计干旱历时和干旱烈度时，将大量小干旱事件 e 统计进来(图 5-2)。然而，这时有一个很重要的问题要考虑，即在一个很长的干旱过程中，经常可以观察到在某一个小的时段内流量超过了阈值，将一个大的干旱事件分成几个小的具有联系的干旱事件，对于一个一致性的干旱事件定义，需将这些不独立的干旱事件合并，为此 Tallaksen 等[5]提出了一个基于干旱间隔时间和超出流量阈值的方法来合并不独立的干旱事件。Tallaksen 等假定两个参数 R_d=0.3 和 R_s=0.3[5]，序列干旱历时和干旱烈度的平均值 E_d 和 E_s，干旱的干旱历时和干旱烈度如果满足 $D<R_d\times E_d$ 或者 $S<R_s\times E_s$，则本书干旱特征统计将剔除这次干旱事件；如果不满足 $D<R_d\times E_d$ 或者 $S<R_s\times E_s$，则算作一次干旱事件。对于一些非干旱事件 c（图 5-2），如果其非干旱历时 $D_c<5d$，并且非干旱烈度 $S_c<0.3\times E_s$，则将本次非干旱事件也定义为干旱事件，最终将干旱事件 a+b+c 作为一个干旱事件来计算[5,6]。该游程理论在水文干旱划分时减少了小干旱事件对于频率分析的影响。

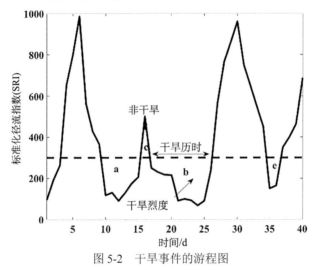

图 5-2　干旱事件的游程图

4. 拟合优度检验与参数估计

本节选用韦布尔分布、伽马分布、对数正态分布、对数逻辑分布、广义帕累托分布、广义极值分布、极值分布、耿贝尔(极大值)分布、耿贝尔(极小值)分布、β 分布 10 种概率分布函数和 26 种备选 Copula 函数，系统地分析淮河流域 7 个水文站水文干旱的特征(干旱历时和干旱烈度)。概率分布函数的参数及拟合优度分别由 NLogL、BIC、AIC、AICc 检验，选出最适合该区水文干旱特征分布的函数，同时，对引起该流域水文干旱变化的原因及其影响做了有益的探讨。本节分析的数据为淮河流域 9 个主要水文站(息县、王家坝、鲁台子、蚌埠潢州、班台、蒋家集、阜阳和横排头)1964～2016 年日流量数据。部分缺失数据通过与相邻水文站水文序列建立回归关系进行插补($R^2>0.8$)，历史灾害数据来源于《淮河流域水利手册》。10 种分布函数的参数统一用线性矩来估计(表 5-1)。线性矩是目前水文极值频率分析中概率分布函数参数估计最为稳健的方法之一[7]，其最大的特点是对水文极值序列中的极大值和极小值没有特别敏感。

表 5-1　分布函数表达式及参数意义

分布函数	表达式	参数意义
韦布尔分布	$F(x)=1-\exp\left[-\left(\dfrac{x-\gamma}{\beta}\right)^{\alpha}\right]$	α、β、γ 分别是形状参数、尺度参数和位置参数
伽马分布	$F(x)=\dfrac{\beta^{\alpha}}{\Gamma(\alpha)}\displaystyle\int_{x}^{\infty}(x-\gamma)^{\alpha-1}\,\mathrm{e}^{-\beta(x-\gamma)}\mathrm{d}x$	α、β、γ 分别是形状参数、尺度参数和位置参数
对数正态分布	$F(x)=\Phi\left[\dfrac{\ln(x-\gamma)-\mu}{\sigma}\right]$	μ、σ、γ 分别是形状参数、尺度参数和位置参数
对数逻辑分布	$F(x)=\left[1+\left(\dfrac{\beta}{x-\gamma}\right)^{\alpha}\right]^{-1}$	α、β、γ 分别是形状参数、尺度参数和位置参数
广义帕累托分布	$F(x)=\begin{cases}1-\left[1+k\dfrac{(x-\mu)}{\sigma}\right]^{-1/k} & k\neq 0\\[2mm]1-\exp\left[-\dfrac{(x-\mu)}{\sigma}\right] & k=0\end{cases}$	k、σ、μ 分别是形状参数、尺度参数和位置参数
广义极值分布	$F(x)=\begin{cases}\exp\left[-\left(1+k\dfrac{x-\mu}{\sigma}\right)^{-1/k}\right] & k\neq 0\\[2mm]\exp\left[-\exp\left(-\dfrac{x-\mu}{\sigma}\right)\right] & k=0\end{cases}$	k、σ、μ 分别是形状参数、尺度参数和位置参数
极值分布	$F(x)=\exp\left[-\left(\dfrac{\beta}{x-\gamma}\right)^{\alpha}\right]$	α、β、γ 分别是形状参数、尺度参数和位置参数
β 分布	$F(x)=\dfrac{\displaystyle\int_{0}^{x}t^{\alpha_1-1}(1-t)^{\alpha_2-1}\mathrm{d}t}{\displaystyle\int_{0}^{1}t^{\alpha_1-1}(1-t)^{\alpha_2-1}\mathrm{d}t}\ (\alpha_1,\alpha_2>0,0\leqslant x\leqslant 1)$	α_1、α_2 为形状参数
耿贝尔(极大值)分布	$F(x)=\exp\left[-\exp\left(-\dfrac{x-\mu}{\sigma}\right)\right]$	σ、μ 为尺度参数和位置参数
耿贝尔(极小值)分布	$F(x)=1-\exp\left[-\exp\left(\dfrac{x-\mu}{\sigma}\right)\right]$	σ、μ 为尺度参数和位置参数

5. Copula 函数

Copula 函数是边缘分布为[0,1]区间的均匀分布的联合分布函数，Sklar's 定理给出了 Copula 函数和两变量联合分布的关系。设 X、Y 为连续的随机变量，其边缘分布函数分别为 F_X 和 F_Y，$F(x, y)$ 为变量 X 和 Y 的联合分布函数，则存在唯一的 Copula 函数 C，使得

$$F(x,y)=C_{\theta}(F_X(x),F_Y(y)),\forall x,y \tag{5-4}$$

式中，$C_{\theta}(F_X(x),F_Y(y))$ 为 Copula 函数；θ 为待定参数。

从 Sklar's 定理可以看出，Copula 函数能独立于随机变量的边缘分布，反映随机变量的相关性结构，从而可将二元联合分布分为两个独立的部分，即变量间的

相关性结构和变量的边缘分布来分别处理，其中变量间的相关性结构用 Copula 函数来描述。Copula 函数的优点在于不必要求具有相同的边缘分布，任意形式的边缘分布经过 Copula 函数连接都可构造成联合分布，由于变量的所有信息都包含在边缘分布里，因此在转换过程中不会产生信息失真。本书采用在水文上常用的 Kendall 秩相关系数 τ 度量 X、Y 相应的连接函数 Copula 变量的相关性，Kendall 相关系数 τ 与 Copula 函数 $C(x,y)$ 存在以下关系[8,9]：

$$\tau = 4\iint_{I^2} C(x,y)\mathrm{d}C(x,y) - 1 \tag{5-5}$$

1）Copula 函数参数估计

联合分布 $F_{X,Y}$ 的参数估计分为两步：第一步，边缘分布 F_X 和 F_Y 的参数估计；第二步，Copula 函数 $C_\theta(u,v)$ 的参数 θ 的估计。边缘分布 F_X 和 F_Y 的参数估计通常采用线性矩法。本书研究中两个变量分别是干旱历时和干旱烈度，基于 Genest 和 Rivest 提出的计算步骤，首先基于以下公式计算 Kendall 的系数 τ：

$$\tau_N = \binom{N}{2}^{-1} \sum_{i<j} \mathrm{sign}[(x_i - x_j)(y_i - y_j)] \tag{5-6}$$

式中，N 表示时间序列的长度；当 $x_i \leqslant x_j$ 和 $y_i \leqslant y_j$ 时，sign = 1，否则 sign = -1；$i, j = 1, 2, \cdots, N$。

Copula 函数中参数 θ 估计是基于贝叶斯理论和马尔可夫链蒙特卡罗（Markov chain Monte Carlo，MCMC)方法[10,11]。MCMC 模拟估计了后验分布的参数值，从而进一步计算 Copula 概率等值线的不确定范围[12,13]。

2）Copula 函数的选择

分布线型选择和参数估计是水文频率计算中的两个基本问题。本书中干旱历时和干旱烈度的频率曲线选用 NLogL、BIC、AIC、AICc 检验综合研判拟合最好的函数作为边缘分布函数。Copula 函数总体上可以分为椭圆型、阿基米德型和二次型三类，其中生成元为 1 个参数的阿基米德型 Copula 函数的应用最为广泛[8,12]，尽管阿基米德型 Copula 在水文及相关领域应用得比较广泛，但是目前一些新的 Copula 函数对于气象水文序列的拟合较好，并在其他流域得到应用[13]。因此，本书运用 4 种拟合优度方法 AIC、BIC、RMSE 和 NSE[13]来选择最适宜淮河流域水文干旱的 Copula 函数（表 5-2）。

在水文事件中，根据两变量的 Copula 联合分布，对于枯水关注水文变量 X 或 Y 不超过某一特定值，即联合重现期 T_o；水文事件中 X 和 Y 都不超过某一特定值，即同现重现期 T_a。上述重现期可以通过下面的公式计算：

$$T_o(x,y) = \frac{1}{P[X < x \text{ 或 } Y < y]} = \frac{1}{C(F_X(x), F_Y(y))} \tag{5-7}$$

$$T_a(x,y) = \frac{1}{P(X<x, Y<y)} = \frac{1}{F_X(x) + F_Y(y) - C(F_X(x), F_Y(y))} \tag{5-8}$$

变量 X 和 Y 的单变量重现期(或称边缘重现期)为

$$T(x) = \frac{1}{1-F_X(x)}, T(y) = \frac{1}{1-F_Y(y)} \tag{5-9}$$

根据各自的边缘分布,变量 X 和 Y 分别取 T 年一遇设计值时,根据两变量联合分布的 T_o 和 T_a 的定义,该组合 (x_T, y_T) 的联合重现期 T_o 对应的事件为 x_T 或 y_T 中有一个被超过,定义为干旱特征的"或"事件;同现重现期 T_a 对应的事件为 x_T 和 y_T 均被超过,定义为干旱特征的"且"事件。由此可见,联合重现期 T_o 小于或等于边缘重现期,同现重现期 T_a 大于或等于边缘重现期,即:

$$T_o(x,y) \leqslant \mathrm{Min}(T(x), T(y)) \leqslant \mathrm{Max}(T(x), T(y)) \leqslant T_a(x,y) \tag{5-10}$$

表 5-2 Copula 函数及其表达式

函数名称	计算公式	参数取值范围
Gaussian	$\int_{-\infty}^{\phi^{-1}(u)} \int_{-\infty}^{\phi^{-1}(v)} \frac{1}{2\pi\sqrt{1-\theta^2}} \exp\left[\frac{2\theta xy - x^2 - y^2}{2(1-\theta^2)}\right] \mathrm{d}x\mathrm{d}y^b$	$\theta \in [-1,1]$
t	$\int_{-\infty}^{t_{\theta_2}^{-1}(u)} \int_{-\infty}^{t_{\theta_2}^{-1}(v)} \frac{\Gamma\left[(\theta_2+2)/2\right]}{\Gamma(\theta_2/2)\pi\theta_2\sqrt{1-\theta_1^2}} \left(1 + \frac{x^2 - 2\theta_1 xy + y^2}{\theta_2}\right)^{(\theta_2+2)/2} \mathrm{d}x\mathrm{d}y^c$	$\theta_1 \in [-1,1]$ 和 $\theta_2 \in (0,\infty)$
Clayton	$\max(u^{-\theta} + v^{-\theta} - 1, 0)^{-1/\theta}$	$\theta \in [-1,\infty] \setminus 0$
Frank	$-\frac{1}{\theta}\ln\left\{1 + \frac{[\exp(-\theta u)-1][\exp(-\theta v)-1]}{\exp(-\theta)-1}\right\}$	$\theta \in R \setminus 0$
Gumbel	$\exp\left\{-\left[(-\ln u)^\theta + (-\ln v)^\theta\right]^{1/\theta}\right\}$	$\theta \in [1,\infty)$
Independence	uv	
Ali-Mikhail-Haq (AMH)	$\frac{uv}{1-\theta(1-u)(1-v)}$	$\theta \in [-1,1)$
Joe	$1 - \left[(1-u)^\theta + (1-v)^\theta - (1-u)^\theta(1-v)^\theta\right]^{1/\theta}$	$\theta \in [1,\infty)$
Farlie-Gumbel-Morgenstern (FGM)	$uv[1 + \theta(1-u)(1-v)]$	$\theta_1 \in (0,\infty), \theta_2 \in (1,\infty)$
Gumbel-Barnett	$u + v - 1 + (1-u)(1-v)\exp[-\theta\ln(1-u)\ln(1-v)]$	$\theta \in [0,1]$
Plackett	$\frac{1 + (\theta-1)(u+v) - \sqrt{[1+(\theta-1)(u+v)]^2 - 4\theta(\theta-1)uv}}{2(\theta-1)}$	$\theta \in (0,\infty)$
Cuadras-Auge	$[\min(u,v)]^\theta (uv)^{(1-\theta)}$	$\theta \in [0,1]$
Raftery	$\begin{cases} u - \frac{1-\theta}{1+\theta} u^{\frac{1}{1-\theta}}(v^{\frac{-\theta}{1-\theta}} - v^{\frac{1}{1-\theta}}), 如果\ u \leqslant v \\ v - \frac{1-\theta}{1+\theta} v^{\frac{1}{1-\theta}}(u^{\frac{-\theta}{1-\theta}} - u^{\frac{1}{1-\theta}}), 如果\ v \leqslant u \end{cases}$	$\theta \in [0,1)$

续表

函数名称	计算公式	参数取值范围
Shih-Louis	$\begin{cases}(1-\theta)uv+\theta\min(u,v), & \text{如果 }\theta\in(0,\infty)\\(1+\theta)uv+\theta(u+v-1)\Psi(u+v-1), & \text{如果 }\theta\in(-\infty,0]\end{cases}$ $\Psi(a)=1$如果$a\geqslant0$和$\Psi(a)=0$如果$a<0$	
Linear-Spearman	$\begin{cases}[u+\theta(1-u)]v, & \text{如果 }v\leqslant u\text{ 和 }\theta\in[0,1]\\[v+\theta(1-v)]u, & \text{如果 }u<v\text{ 和 }\theta\in[0,1]\\(1+\theta)uv, & \text{如果 }u+v<1\text{ 和 }\theta\in[-1,0]\\uv+\theta(1-u)(1-v), & \text{如果 }u+v\geqslant1\text{ 和 }\theta\in[-1,0]\end{cases}$	$\theta\in[-1,1]$
Cubic	$uv[1+\theta(u-1)(v-1)(2u-1)(2v-1)]$	$\theta\in[-1,2]$
Burr	$u+v-1+\left[(1-u)^{-1/\theta}+(1-v)^{-1/\theta}-1\right]^{-\theta}$	$\theta\in(0,\infty)$
Nelsen	$\dfrac{-1}{\theta}\log\left\{1+\dfrac{[\exp(-\theta u)-1][\exp(-\theta v)-1]}{\exp(-\theta)-1}\right\}$	$\theta\in(0,\infty)$
Galambos	$uv\exp\left[(-\ln u)^{-\theta}+(-\ln v)^{-\theta}\right]^{-1/\theta}$	$\theta\in[0,\infty)$
Marshall-Olkin	$\min\left[u^{(1-\theta_1)}v,uv^{(1-\theta^2)}\right]$	$\theta_1,\theta_2\in[0,\infty)$
Fischer-Hinzmann	$\left\{\theta_1[\min(u,v)]^{\theta_2}+(1-\theta_1)(uv)^{\theta_2}\right\}^{1/\theta_2}$	$\theta_1\in[0,1],\theta_2\in\mathbf{R}$
Roch-Alegre	$\exp\left\{1-\left[\left\{\left[(1-\ln u)^{\theta_1}-1\right]^{\theta_2}+\left[(1-\ln v)^{\theta_1}-1\right]^{\theta_2}\right\}^{1/\theta_2}+1\right]^{1/\theta_1}\right\}$	$\theta_1\in(0,\infty),\theta_2\in[1,\infty)$
Fischer-Kock	$uv\left[1+\theta_2(1-u^{1/\theta_1})(1-v^{1/\theta_1})\right]^{\theta_1}$	$\theta_1\in[1,\infty),\theta_2\in[-1,1]$
BB1	$\left\{1+\left[(u^{-\theta_1}-1)^{\theta_2}+(v^{-\theta_1}-1)^{\theta_2}\right]^{1/\theta_2}\right\}^{-1/\theta_1}$	$\theta_1\in(0,\infty),\theta_2\in(1,\infty)$
BB5	$\exp\left(-\left\{(-\ln u)^{\theta_1}+(-\ln v)^{\theta_1}-\left[(-\ln u)^{-\theta_1\theta_2}+(-\ln v)^{-\theta_1\theta_2}\right]^{-1/\theta_2}\right\}^{1/\theta_1}\right)$	$\theta_1\in[1,\infty),\theta_2\in(0,\infty)$
Tawn	$\exp\left\{\ln(u^{(1-\theta_1)})+\ln(v^{(1-\theta_2)})-\left[(-\theta_1\ln u)^{\theta_3}+(-\theta_2\ln v)^{\theta_3}\right]^{1/\theta_3}\right\}$	$\theta_1,\theta_2\in[0,1],\theta_3\in[1,\infty)$

5.1.2　淮河中上游径流年内和年际变化特征

1. 径流年内变化特征

降水是淮河径流补给的主要来源，因而受降水季节分配差异性影响，径流年内分布表现出较大差异性。如图 5-3 所示，淮河中上游径流量主要集中于 5～9 月，约占年径流总量的 70.37%，最大月径流量出现在 7 月，约占年径流总量的 24%，最小月径流量大都出现在 1 月，约占年径流量的 2.4%。淮河中上游汛期 6～9 月各站点径流量平均占年径流量的 61.68%；夏季 6～8 月径流量占总径流量的

51.63%，超过全年径流量的一半；冬季 12 月至次年 2 月的径流量占总径流量的 8.39%。

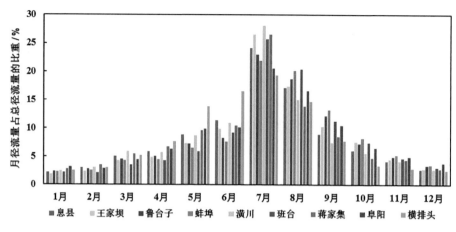

图 5-3　淮河中上游径流量年内分配特征统计值

2. 径流年际变化特征

淮河中上游各站点径流变差系数介于 0.16～0.85，径流年际极值比（为了使数据具有可比较性，极值比同乘 0.1）介于 1.7～2.4（图 5-4）。各站点在不同时段的径流变差系数和年际极值比普遍较大，说明淮河中上游径流丰枯变化比较剧烈；除阜阳站和班台站外，其余各站点在 1956～2016 年的不同时间段内的径流变差系数的变化趋势保持一致；阜阳站的径流变差系数一直处于下降趋势，班台站则是自 1968 年后一直呈上升趋势，并在 2004～2016 年变差系数达到最大，为 0.85。

5.1.3　淮河中上游径流趋势变化特征

由淮河中上游 9 个水文站点径流量变化的 M-K 突变点检验图（图 5-5）可知：在 1956～2016 年时间段内的站点径流趋势变化基本一致，整体呈减少趋势。潢川站和横排头站的径流数据从 1980 年开始，通过与各站点在 1980～2016 年的数据对比分析发现，除了班台站和阜阳站外，其余各站点的变化趋势一致。20 世纪 90 年代之前各个站点基本呈减少趋势，在 2000 年之后呈明显增加趋势，班台站、王家坝站和蚌埠站在 2003 年突破 95%的置信区间，表现为显著减少趋势。

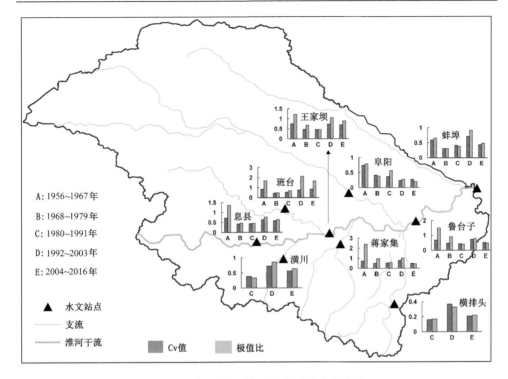

图 5-4　淮河中上游径流变差系数和极值比

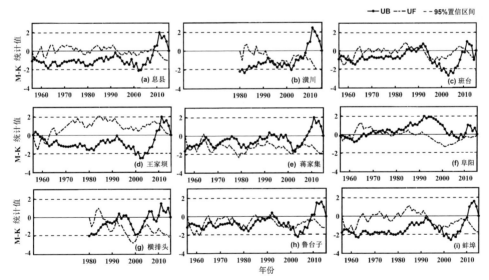

图 5-5　淮河中上游径流量 M-K 趋势分析

对淮河中上游 9 个站点的月径流量进行 M-K 检验(图 5-6),从站点来看,息县站和潢川站(除 9 月)均处于减少趋势;鲁台子站在 1～12 月整体处于减少趋势,尤其在 5、6 月呈显著减少趋势。班台站和蚌埠站变化趋势不一致，但均未发生显著变化。从月份上看，淮河中上游各月径流量仅在 1 月呈现显著增加趋势，4 月、5 月、6 月、7 月、10 月、11 月和 12 月呈现显著减少趋势，尤其是 4 月和 5 月整体均呈减少趋势，其余月份趋势变化不显著。

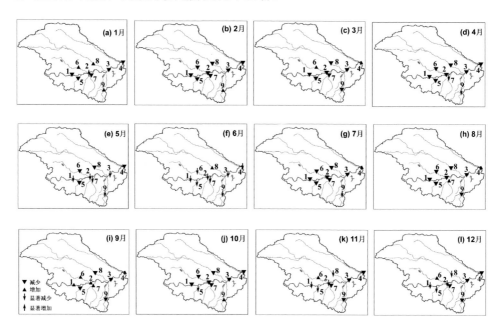

图 5-6　淮河中上游月径流量的 M-K 检验

1.息县；2.王家坝；3.鲁台子；4.蚌埠；5.潢川；6.班台；7.蒋家集；8.阜阳；9.横排头(下同)

　　通过对淮河中上游径流的季节和汛期与非汛期的 M-K 检验（图 5-7 和图 5-8）发现：春季和非汛期期间呈显著减少趋势，在这两个时期里除潢川站在春季表现为减少趋势外，其余各站点变化趋势相同；息县站在秋季呈增加趋势，王家坝站和横排头站在冬季呈增加趋势，其余各站点在不同时期均表现为减少趋势；除息县站，夏季和秋季一致为减少趋势。总的而言，淮河中上游径流量总体表现出减少的趋势。

5.1.4　淮河中上游径流周期变化特征

　　由图 5-9 看出，息县、蒋家集、阜阳和鲁台子这 4 个站点在 20 世纪 60 年代存在显著周期，另外年径流量显著周期在 2.0～3.4a 的时间段主要集中在 20 世纪 90 年代至 21 世纪初。横排头站存在 2 个显著周期，分别为 2.0～3.4a 的周期(1989～1994 年)和 8a 左右的周期(1992～2002 年)。

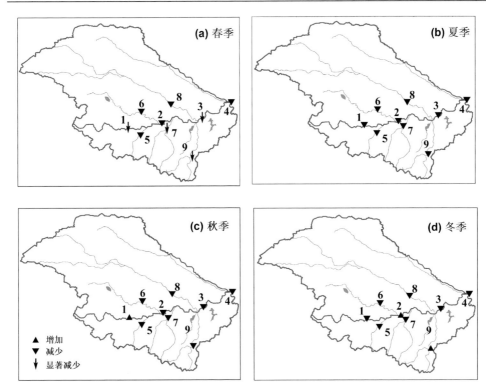

图 5-7　淮河中上游春、夏、秋及冬径流量 M-K 检验

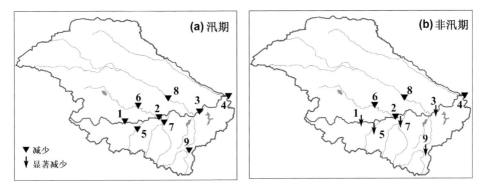

图 5-8　淮河中上游汛期和非汛期径流量 M-K 检验

对淮河中上游 9 个站点进行季节、汛期与非汛期周期特征分析(图 5-10 和图 5-11)可以发现:各站点在春季的径流周期变化与其他周期特征相比规律性较为明显,潢川和横排头站于 21 世纪头十年分别存在 3.8～6.6a 和 3.6～4.2a 的显著周期,而王家坝站在 21 世纪头十年虽无显著周期,但仍处于相对的高能区,其余各站点在 1957～1972 年存在 2～8a 波动较大的显著周期变化。秋季主要在 19 世

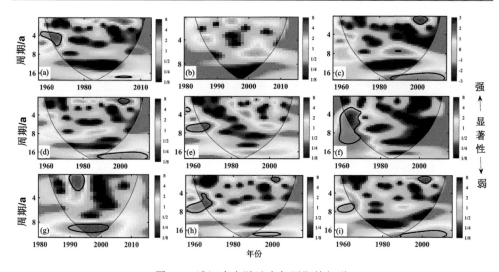

图 5-9　淮河中上游站点年周期特征谱

(a)息县；(b)潢川；(c)班台；(d)王家坝；(e)蒋家集；(f)阜阳；(g)横排头；(h)鲁台子；(i)蚌埠(下文同)

纪 80 年代和 21 世纪头十年分别存在 4a 和 2～4a 左右的显著周期。夏季和冬季的周期变化相对于前两者而言较为复杂。在夏季，息县站无明显周期变化，阜阳站的显著周期出现在 20 世纪 80 年代以前，鲁台子和蚌埠站在 20 世纪 60 年代有显著周期变化，而其余各站点的显著周期主要出现在 20 世纪 80 年代之后。从冬季图上看，各站点不同频域上主要存在 4a 左右的显著周期。在汛期周期特征谱中，班台、蒋家集和横排头站在 20 世纪 90 年代存在显著周期，阜阳站的显著周期出现在 20 世纪 70 年代。非汛期存在的显著周期主要集中在 20 世纪 60 年代和 21 世纪头十年，周期分别为 2.2～8.0a 和 2.0～4.0a。

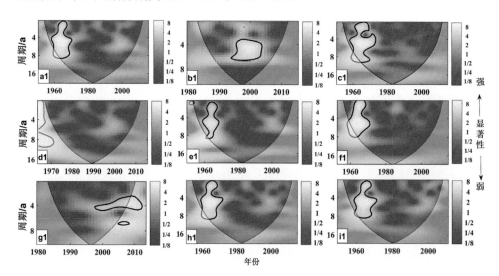

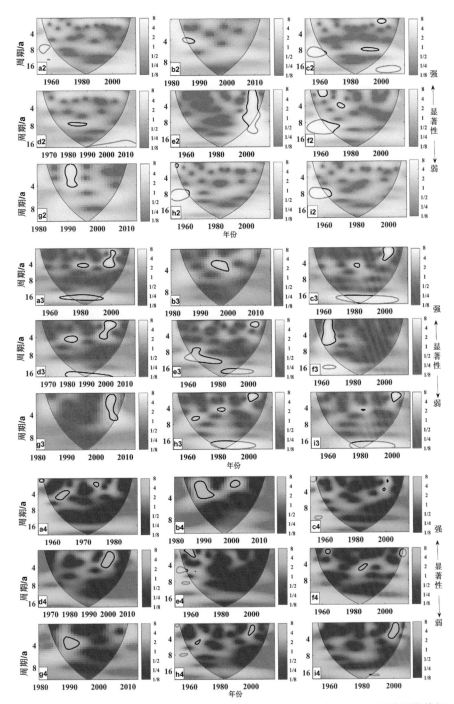

图 5-10　淮河中上游春(a1～i1)、夏(a2～i2)、秋(a3～i3)及冬(a4～i4)径流周期特征

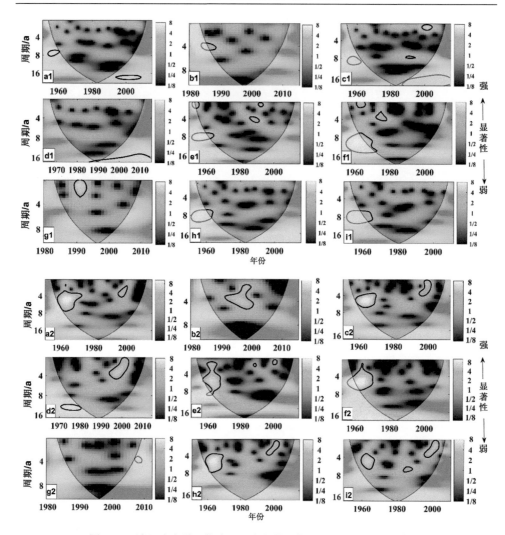

图 5-11　淮河中上游汛期(a1～i1)与非汛期(a2～i2)径流周期特征

5.1.5　淮河中上游径流变化特征与气候因子遥相关分析

图 5-12～图 5-14 是淮河流域中上游地区径流与气候因子在不同时间尺度上的遥相关分析。潢川站年径流量对气候因子的响应最为明显，其对 MEI 和 PDO 指数的响应分别通过了 95%和 99%的显著性检验(图 5-12)。PDO 对各站点(除阜阳站外)月径流量遥相关的影响最为显著，且主要集中在 6 月，多呈显著负相关关系，其中班台站分别在 1 月、4 月和 6 月通过了 95%的显著性检验。阜阳站在汛期对 SOI 的遥相关存在较明显的响应。NAO 和北极涛动(Arctic oscillation，AO) 对研究区月径流量遥相关的响应趋势趋于一致，较之于 NAO，AO 对各站点遥相关

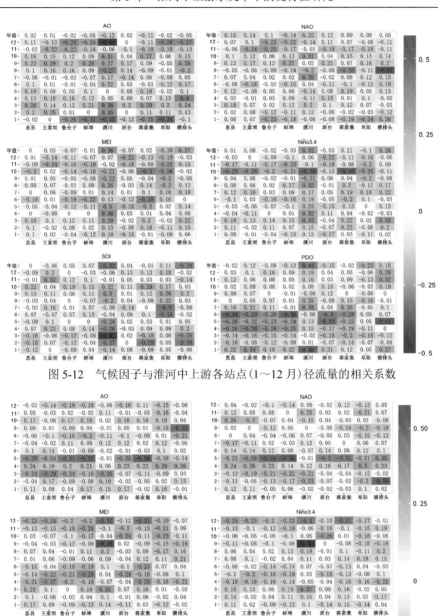

图 5-12　气候因子与淮河中上游各站点(1～12 月)径流量的相关系数

图 5-13　气候因子与淮河中上游各站点(滞后 3 个月)径流量的相关系数

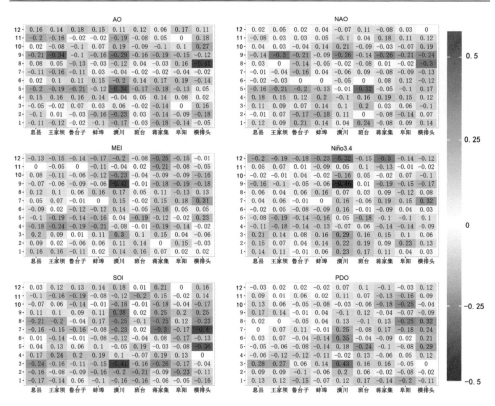

图 5-14　气候因子与淮河中上游各站点(滞后 6 个月)径流量的相关系数

的响应更为显著。NAO 对研究区月径流量遥相关的显著性影响仅限于蚌埠、潢川、班台和横排头 4 个站点，而 AO 对各站点月径流量遥相关的影响除班台站外，其他均通过了 95%显著性检验，多呈正相关关系。同样的，MEI 和 Niño3.4 对各站点月径流量遥相关的响应趋势也呈现一致性，但这两者对研究区的影响并不显著，Niño3.4 产生的显著性影响主要集中在 10 月。

5.1.6　讨论

淮河中上游径流年内分配有较大差异性，主要集中于 5～9 月，夏季月径流量超过全年径流量的一半。淮河中上游各站点径流变差系数介于 0.16～0.85，径流年际极值比介于 1.7～23.9，各站点在不同时段的径流变差系数和年际极值比普遍较大。相关研究表明，近 50 年来淮河流域降水量的年际波动较为强烈[14]，降水强度呈增加趋势[15,16]，年际丰枯变化大，年内分配不均，汛期 6～9 月降水量占全年的 50%～75%[17]。同时，淮河流域是中国各大流域人口密度最高的地区，也是重要的粮食生产和能源基地，1983～2014 年淮河流域粮食播种面积从 16.4×

10^4 km²增加到 19.2×10^4 km²。另外，淮河流域建有 5700 多座水库(总库容达 272 亿 m³)，修建行蓄洪区共计 28 处，可调蓄洪水库容为 88.6 亿 m³[18]，农业社会生产对水资源需求量及水利工程的调蓄作用强弱的变化，使径流在不同时段上具有不同的变化趋势。

1956~2016 年各站点径流趋势变化大致相同，整体呈振荡减少趋势。淮河中上游在 20 世纪 50~80 年代降水逐年代减少，90 年代之后开始增加[19]。近十几年来，淮河流域降水年际变化剧烈，旱涝交替出现，引起变异的主要原因是淮河流域在 21 世纪初分别发生了 3 次大水灾和旱灾。2001 年、2008 年和 2009 年出现大旱，2003 年、2007 年和 2010 年发生流域性大洪水。尤其是在 2003 年，因受夏季西北太平洋副热带高压异常偏强和强盛的冷暖空气在江淮地区的双重作用[20]，发生了仅次于 1954 年以来的最大水灾[21]，使得班台站、王家坝站和蚌埠站在 2003 年突破 95%置信区间，径流量呈显著减少趋势。淮河中上游 4~5 月径流整体处于减少趋势，此时正是淮河流域冬小麦生长的关键时期，该时期径流量减少对冬小麦生长产生较大威胁。同时，粮食种植面积的扩大使农作物的需水量不断增加，且 2000 年以来 GDP 和人口也在不断增长。截至 2014 年 GDP 增加了 5.6×10^4 亿元，人口也增长了 1719.99 万人，这也是淮河流域径流量减少的重要原因之一。

从年周期变化看，班台、王家坝、鲁台子和蚌埠站在时、频域上均存在着显著周期，其在时、频结构上也具有一定程度上的相似性，周期在 2.0~3.4a 的时间均发生在 2000 年左右。此外，息县、潢川和蒋家集站在 20 世纪 90 年代至 21 世纪初虽未达到 95%的置信区间，但在该尺度上仍是高能区。各站点在季节和汛期与非汛期的连续小波谱显示：显著周期时间集中出现在 20 世纪 60 年代、80 年代和 21 世纪头十年，而周期主要为 2.2~8.0a 或 2.0~4.0a。各站点分布在淮河流域不同的地区内，其地形、地貌、气候条件虽不同，但其周期变化特征基本相同，只是周期强弱有差异，表明淮河流域径流周期演变在该时间尺度上受气候变化的影响较为强烈[22]。

研究表明，厄尔尼诺现象与淮河流域降水异常之间有显著的相关性。厄尔尼诺发展期淮河流域降水增多，而衰减期则相反。太平洋中部暖事件及太平洋东部暖事件发生年对淮河流域水系大雨、暴雨的影响较大，往往伴随洪水发生[21-24]。大气环流异常会导致降水发生异常，而径流的变化与降水变化密切相关。通过气候指标与淮河中上游年、月尺度径流量的关系分析可以发现，潢川站年径流量对气候因子遥相关的响应最为明显，其对 MEI 和 PDO 指数的响应分别通过了 95%和 99%的显著性检验。此外，PDO 对各站点(除阜阳站外)的月径流量遥相关的直接影响最为显著，且主要集中在 6 月，多呈显著负相关关系，尤其是班台站分别在 1 月、4 月和 6 月通过了 95%的显著性检验。NAO 和 AO 对研究区月径流量遥

相关的响应趋势较一致，两者都是反映中纬度西风强弱的气候因子，但 AO 对各
站点的响应更为显著，除班台站外，其他都通过了 95%的显著性检验，多呈正相
关关系。同样地，MEI 和 Niño3.4 对各站点的月径流量遥相关的响应趋势也呈现
一致性，但这两者对研究区的影响并不显著。淮河中上游的月径流量对多数气候
因子的响应存在明显的滞后性。气候变化的自然惯性和形成大气环流的时间尺度
决定了气候变化对径流的影响强度，气候因子对径流影响强度越大，滞后性就越
显著。图 5-12～图 5-14 反映了淮河流域的气候因子对径流的影响，在滞后 3 个月
时最为显著，滞后 6 个月以后显著性则相对较弱[25]。NAO 和 Niño3.4 指数对研究
区径流的响应存在显著滞后性，且多以负相关关系为主，NAO 滞后 3 个月遥相关
的响应时间主要集中在 5 月，其中鲁台子和蚌埠站均通过了 99%的显著性检验。
NAO 滞后 6 个月的相关性虽有所减弱，但与滞后 3 个月的响应趋势较一致。
Niño3.4 对研究区月径流量滞后期的影响主要发生在潢川和蒋家集站。AO 和 PDO
指数无滞后性，而 SOI 指数对研究区遥相关的显著性响应呈增强趋势，潢川、蒋
家集和横排头站均通过了 95%的显著性检验。

　　总体来看，气候变化和人类活动使淮河中上游径流产生剧烈波动，并造成年
内分配不均匀性与集中程度的进一步加剧。这种不均匀性和总体系列离散程度的
分布差异，反映了淮河流域南北气候、高低纬度和海陆相多重过渡带交叉叠加的
特征[20]，这也是降水集中时段易发生旱涝的重要原因。

5.2　淮河中上游枯水期径流变化特征

　　气候变化和人类活动使极端事件发生的可能性增加近一倍。洪水极值的研究
已非常深入，而对于枯水径流的研究仍不成熟，主要是因枯水没有洪水径流变化
剧烈而易被忽略[26,27]。枯水季节水资源短缺问题的日益突出在一定程度上制约着
社会经济发展，因此，自 20 世纪 70 年代以来，人类开始大规模地开展对枯水的
研究。当前，在自然和人为因素影响下，河流水文情势不断发生改变，对枯水径
流的时空变化研究至关重要。淮河流域地处我国南北气候过渡带，是我国气候变
化的敏感区。因此，本书基于淮河中上游长历时的 9 个水文站的逐日径流量数据，
对不同时间尺度的淮河中上游枯水时空变化特征及其成因进行探讨，该研究对淮
河流域水资源利用与调配具有重要的理论价值与实践意义。

5.2.1　淮河中上游枯水期径流基本特征变化

　　由图 5-15 可知，淮河中上游各站点在 1956～2016 年的连续最小 1 日平均流
量的极小值介于 0.002～24.5 m³/s，变差系数介于 0.23～1.34。各站点在不同时段
的径流变差系数普遍较大，尤其是潢川(时段 C、D)、班台(时段 A)、蒋家集(时

段 B、D)和蚌埠站(时段 D)变差系数甚至超过 1，说明该时段内枯水期径流变化比较剧烈；班台站的枯水变差系数一直处于减少趋势，蚌埠站则是自 1956 年之后呈上升趋势，并在 1992~2003 年时间段变差系数达到最大，为 1.29。除班台、横排头、蚌埠和王家坝站外，其余各站点连续最小 1 日平均流量自 1956 年之后均呈增加趋势。连续最小 1 日平均流量的最小值在潢川站(1980~1991 年)出现。

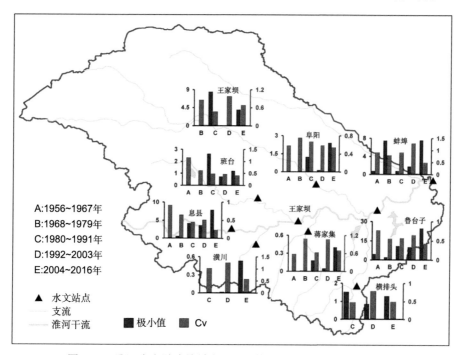

图 5-15　淮河中上游连续最小 1 日平均流量的基本水文统计特征

5.2.2　淮河中上游枯水期径流突变点分析

通过对淮河中上游 9 个水文站点序列连续最小 1 日平均流量(Q1)、连续最小 7 日平均流量(Q7)、连续最小 15 日平均流量(Q15)、连续最小 30 日平均流量(Q30)的变异点诊断(表 5-3)发现，息县、王家坝、蒋家集和横排头站在 4 种序列中的变异点多发生于 2001 年，其中仅有蒋家集站在序列 Q1 中的变异点发生在 1964 年，横排头站在序列 Q1 及 Q30 中的变异点分别为 2000 年和 2013 年。除蚌埠站在序列 Q1 和 Q15 中分别出现 1958 年和 1975 年的变异点外，阜阳、鲁台子和蚌埠站(Q7、Q30)在 4 种序列中的变异点均出现在 1964 年。不同的是，班台站在 4 种序列中的变异点均发生在 1962 年，潢川站的变异点则主要出现在 2002 年，仅序列 Q30 中的变异点出现在 1987 年。

总体来看，枯水期径流的突变点主要发生于 20 世纪 60 年代初及 21 世纪初。

这主要是因为响洪甸、板桥和佛子岭等大型水库大多在 21 世纪 60 年代初开始使用，其中佛子岭水库流域控制面积达 1840km², 对淮河流域枯水期径流变化产生重要影响。而 2001 年 3～10 月江淮之间和淮北地区降水比常年同期偏少 40%～60%，使淮河流域于 2001 发生了春、夏、秋、冬连续干旱的大旱。

表 5-3　淮河中上游枯水期径流（Q1、Q7、Q15、Q30）序列变异诊断结果

站点	M-K 法	累积距平法	有序聚类法	李-海哈林法	滑动 t 检验法	滑动 F 检验法	滑动游程检验法	滑动秩和检验法	诊断结果
息县 Q1	1999	2002(+)	2001(+)	2001(+)	1982(+)	2011(-)	2013(-)	1983(+)	2001
息县 Q7	1999	2002(+)	2001(+)	2001(+)	1979(+)	2005(+)	1957(-)	2002(+)	2001
息县 Q15	1989	2002(+)	2001(+)	2001(+)	2001(+)	2005(+)	1959(-)	2002(+)	2001
息县 Q30	2010	2002(+)	2001(+)	2001(+)	2001(+)	2008(-)	1958(-)	2002(+)	2001
潢川 Q1	2003	2003(+)	2002(+)	2002(+)	2002(+)	1984(+)	1983(-)	1984(+)	2002
潢川 Q7	1988	2002(+)	2002(+)	2002(+)	2002(+)	1984(-)	2007(-)	1998(-)	2002
潢川 Q15	1987	2002(+)	2002(+)	2002(+)	2002(+)	1984(+)	1996(-)	1998(-)	2002
潢川 Q30	1986	2001(-)	1987(-)	—	1987(-)	2011(-)	2013(-)	1988(-)	1987
班台 Q1	1991	1963(+)	1962(+)	1962(+)	1962(+)	2010(-)	1960(-)	1963(+)	1962
班台 Q7	1961	1963(+)	1962(+)	1962(+)	1962(+)	2011(-)	1963(-)	1963(+)	1962
班台 Q15	1962	1963(+)	1962(+)	1962(+)	1962(+)	1964(-)	1992(-)	1963(+)	1962
班台 Q30	1962	1963(+)	1962(+)	1962(+)	1962(+)	2007(-)	1974(-)	1963(+)	1962
王家坝 Q1	1972	2002(+)	2001(+)	2001(+)	2001(+)	2010(+)	1999(-)	1983(+)	2001
王家坝 Q7	1983	2002(+)	2001(+)	2001(+)	2001(+)	2010(-)	2001(-)	1983(+)	2001
王家坝 Q15	1982	2002(+)	2001(+)	2001(+)	2001(+)	2010(-)	1978(-)	1983(+)	2001
王家坝 Q30	1982	2002(+)	2001(+)	2001(+)	2001(+)	2010(-)	2008(-)	1983(+)	2001
蒋家集 Q1	2001	—	—	—	1988(-)	1964(-)	1991(-)	1983(-)	1964
蒋家集 Q7	2001	—	2001(+)	—	1988(-)	1964(-)	2002(-)	1983(-)	2001
蒋家集 Q15	2001	2002(+)	2001(+)	2001(+)	2001(+)	1998(+)	1963(-)	1983(-)	2001
蒋家集 Q30	2001	2002(+)	2001(+)	2001(+)	2001(+)	2011(-)	1991(-)	1983(-)	2001
阜阳 Q1	1960	1965(+)	1964(+)	1964(+)	1964(+)	1964(+)	2013(-)	1965(+)	1964
阜阳 Q7	1960	1965(+)	1964(+)	1964(+)	1964(+)	1964(+)	2013(-)	1965(+)	1964
阜阳 Q15	1960	1965(+)	1964(+)	1964(+)	1964(+)	2007(-)	2013(-)	2000(+)	1964
阜阳 Q30	1966	1966(+)	1964(+)	1964(+)	1964(+)	2007(-)	1959(-)	1975(-)	1964
横排头 Q1	2000	2001(+)	2000(+)	2000(+)	2000(+)	1992(+)	2014(-)	1993(+)	2000
横排头 Q7	1997	2001(+)	2001(+)	2001(+)	2001(+)	1984(-)	1988(-)	1993(+)	2001

续表

站点	M-K 法	累积距平法	有序聚类法	李-海哈林法	滑动 t 检验法	滑动 F 检验法	滑动游程检验法	滑动秩和检验法	诊断结果
横排头 Q15	1997	2002(+)	2001(+)	2001(+)	2001(+)	2001(+)	1982(-)	1993(+)	2001
横排头 Q30	2001	2002(+)	2013(+)	2013(+)	2001(-)	2011(+)	—	1996(+)	2013
鲁台子 Q1	1964	1973(+)	1964(+)	1964(+)	1964(+)	2011(-)	1983(-)	1965(-)	1964
鲁台子 Q7	1964	1965(+)	1964(+)	1964(+)	1964(+)	2011(-)	1992(-)	2002(-)	1964
鲁台子 Q15	1964	2002(+)	1964(+)	1964(+)	1964(+)	2011(-)	1964(-)	2002(-)	1964
鲁台子 Q30	1964	1965(+)	1964(+)	1964(+)	1964(+)	2011(-)	2003(-)	1965(-)	1964
蚌埠 Q1	1958	1976(+)	1958(+)	1958(+)	1970(+)	2011(-)	2014(-)	1959(+)	1958
蚌埠 Q7	1962	1965(+)	1964(+)	1964(+)	1964(+)	1965(+)	2007(-)	1995(+)	1964
蚌埠 Q15	1975	1976(+)	1964(+)	1964(+)	1975(+)	1960(-)	1972(-)	1995(+)	1975
蚌埠 Q30	1967	1965(+)	1964(+)	1964(+)	1964(+)	1961(-)	1986(-)	1965(+)	1964

注：表格中"—"为无变异，"+"为跳跃或趋势显著，"-"为跳跃或趋势不显著。

5.2.3　淮河中上游枯水期径流趋势时空变化特征

图 5-16 是淮河中上游 9 个水文站点枯水期径流(Q1、Q7、Q15、Q30)的 M-K 趋势变化图。由图 5-16 可知，各站点在 1956～2016 年时间段内的枯水期径流趋势变化虽各不相同，但通过对 4 种序列的对比分析可以发现各站点在不同枯水径流序列中有明显的规律性。息县站、潢川站、班台站和王家坝站在序列 Q1、Q7、Q15 中的变化趋势基本一致，整体呈振荡上升趋势；班台站虽表现为上升趋势，但相较于其他三个站点而言，上升趋势不明显。而潢川站在序列 Q1 中表现为自 2010 年超过了 95%置信区间后一直呈显著上升趋势。除潢川站外，这三个站点在序列 Q30 中的变化趋势也同样呈现振荡上升趋势；阜阳站和蚌埠站在序列 Q1、Q7、Q30 中的变化趋势相近，整体呈振荡下降趋势。蚌埠站和阜阳站在序列 Q15 中的变化趋势并不一致，阜阳站平缓上升，蚌埠站在 Q15 中自 1956 年之后一直处于下降趋势，并在 2000 年左右呈显著下降趋势；蒋家集和鲁台子站在 4 种序列中的趋势变化大体一致，但不同的是蒋家集站在 4 种序列变化中为振荡上升，鲁台子站则是先上升再下降，如此往复交替；横排头站在 4 种序列中均呈现趋势变化幅度大、先下降后上升的变化特征，尤其是在序列 Q7 和 Q15 中自 2000 年之后超过 95%置信区间并呈显著上升趋势。从总体上来看，各站点枯水径流在 4 种序列中的趋势变化相差不大，仅有潢川站和阜阳站在 4 种序列中趋势变化不同，其余各站点变化趋势大体一致。

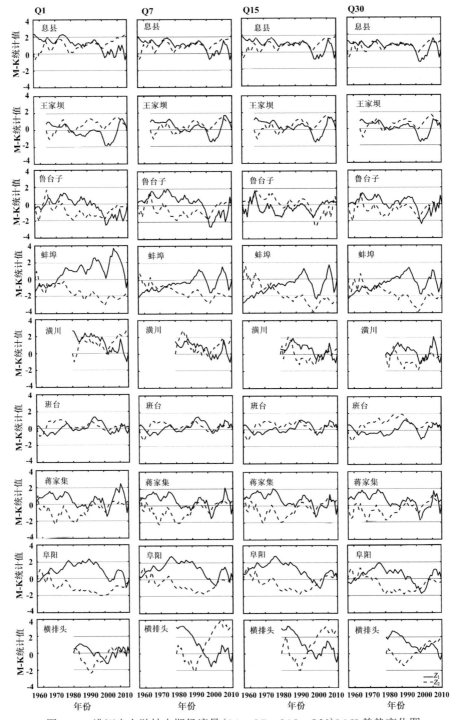

图 5-16　淮河中上游枯水期径流量（Q1、Q7、Q15、Q30）M-K 趋势变化图

如图 5-17 所示，各站点枯水期径流变化趋势在空间分布上具有明显规律性。息县、王家坝、班台、蒋家集和横排头站在整体上表现为上升趋势，其中息县站在 Q1、Q7 及 Q15 序列中为显著上升趋势，横排头站在 Q7、Q15 及 Q30 序列中呈显著上升趋势；蚌埠站则相反，在 4 种序列中整体处于下降趋势，并在序列 Q7、Q15 及 Q30 中呈现显著下降趋势。鲁台子和阜阳站均在 Q1 及 Q30 序列中表现为下降趋势，在 Q7 及 Q15 序列中统一呈上升趋势。从整体上来看，各站点枯水期径流量的空间分布在序列 Q7 及 Q15 中的变化趋势一致。上游枯水期径流量呈上升趋势，而中游呈下降趋势。

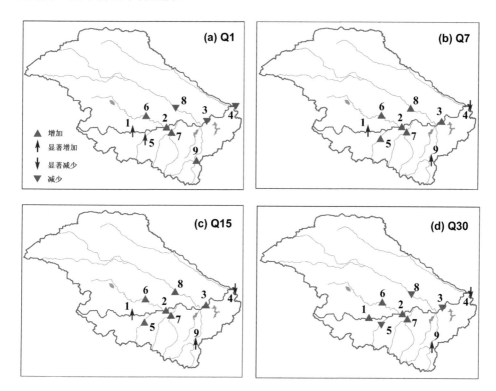

图 5-17　淮河中上游枯水期径流量变化趋势空间分布图

5.2.4　淮河中上游枯水期径流周期变化特征

通过对各站点在 4 种序列(Q1、Q7、Q15、Q30)中的周期特征谱的对比分析(图 5-18)可以发现：息县、王家坝和阜阳站在 4 种序列中的枯水期径流量周期变化特征与其他站点相比规律性较为明显。息县站在 4 种序列中均存在 2 个显著性周期，分别为 3.2～4.6a 和 8.0～13.6a (1960～1976 年)；王家坝站在 4 种序列变化中存在 2～3a 的显著周期(2001～2009 年)；阜阳站在 4 种序列中存在 2～8a 波动较大的长周期(1960～1970 年)，另外阜阳站在 Q30 中还存在一个 2.7～4.0a 的显著周期(1982～1988 年)。而蒋家集站在 4 种序列中的周期变化则表现为各不相同，其在 Q30 中形成了一个 2～8a 波动幅度较大的显著周期(1997～2009 年)。

　　总体上，息县、班台、阜阳、蚌埠和鲁台子站均在 1960～1977 年存在显著周期，另外枯水期径流量在这 4 种序列中的 2～14a 的波动较大的显著周期也主要集中在该时间段；潢川、班台、王家坝、蒋家集、横排头和蚌埠站则在 1997～2012 年的时间段内有显著周期，且以 2.0～4.6a 的周期变化为主。

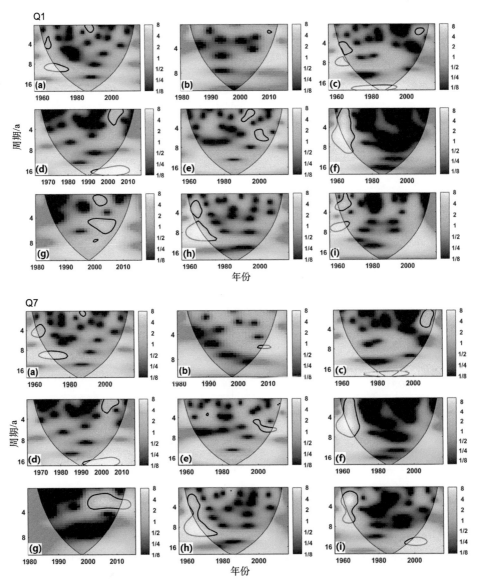

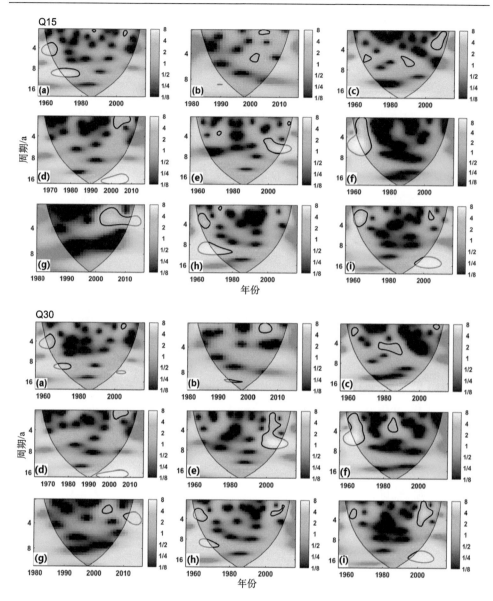

图 5-18　淮河中上游枯水期径流量周期特征谱

色标为显著性

5.2.5　讨论

采用 M-K 非参数检验法、小波分析等方法对淮河中上游 9 个水文站点不同时间尺度的枯水期径流演变特征进行全面分析，揭示枯水期径流变化的影响因素。

淮河中上游 9 个水文站点枯水期径流在不同时间尺度上的 M-K 趋势变化反

映：息县、王家坝、班台、蒋家集和横排头站的枯水期径流量在整体上呈振荡上升趋势。横排头站在序列 Q7 和 Q15 中自 2000 年之后超过 95% 置信区间，呈显著上升趋势；潢川站在序列 Q1 中表现为 2010 年之后一直呈显著上升趋势（超过了 95% 置信区间）；而鲁台子和蚌埠站则在整体上呈下降趋势，其中蚌埠站枯水期径流在 Q7、Q15 及 Q30 中呈现显著下降趋势。在 20 世纪 60 年代前期、70 年代前中期及 2003 年之后淮河流域处于降水偏多时期，而 20 世纪 60 年代后期、70 年代后期及 80 年代后期均为降水偏少[28]。降水量与径流量呈正相关关系，其中降水对淮河流域上游径流量的贡献率为 24%，中游为 21%[29]。同时 20 世纪 80 年代以来，淮河流域开始试点水土保持工作，致力于增加植被覆盖率、减少坡耕地、封山育林等，这些人类活动使得淮河流域的土地利用、地表覆盖发生变化。而土地利用变化越大则径流量越少，其中土地利用变化对淮河上游径流量的贡献率为 76%，中游为 79%[30]。植被覆盖率对枯水流量的多年平均值及多年的变化情况影响最大[31]，淮河流域绝大部分地区归一化植被指数（NDVI）有显著增加趋势，表明该时段流域整体植被覆盖明显改善[32]，枯水流量处于稳定状态。因此，淮河中上游各站点的枯水期径流量呈振荡变化且变差系数也普遍较大，潢川、班台、蒋家集、蚌埠站的变差系数甚至超过 1；各站点在 1956~2016 年的连续最小 1 日平均流量在 0.002~24.5m³/s，表明枯水期径流变化非常剧烈。鲁台子站年平均降水量在 20 世纪 70 年代和 90 年代处于偏少时期；而蚌埠站年平均降水量在 20 世纪 60 年代和 70 年代偏少。根据鲁台子和蚌埠站历年年径流资料分析得出，两站点年径流总体上同样呈下降趋势，变异点均发生在 20 世纪 60 年代。鲁台子站年平均减少速率为 0.68 亿 m³/a，蚌埠站年平均减少速率为 2.47 亿 m³/a[33]，故而鲁台子和蚌埠站的枯水期径流量整体呈下降趋势。

因 20 世纪 60 年代和 90 年代淮河流域降水变差系数相对较大，降水年际变化剧烈，极小值出现在 1966 年，较常年偏少近 39%[34]，且 2001 年发生干旱，所以研究区枯水期径流在 4 种枯水序列中的突变点主要发生于 20 世纪 60 年代和 21 世纪初。同时，息县、班台、阜阳、蚌埠和鲁台子站均在 1960~1977 年存在 2~14a 的显著周期，在 1997~2012 年存在 2.0~4.6a 的显著周期变化。潢川、班台、王家坝、蒋家集、横排头和蚌埠站则在 1997~2012 年的时间段内有显著周期变化（2.0~4.6a）。

近五百多年来，淮河流域灾害频繁发生，水旱灾害平均 3 年 2 次，其中干旱占总年数的 18%[18]。随着淮河流域经济发展战略和发展规划的逐步实施，淮河干流重要河段的社会经济进入快速发展时期，对水资源利用提出了更高的要求。淮河流域取用水量明显增加，供需态势变化显著，呈现枯水期增加、持续时间延长、水量交换关系复杂多变的特点，导致干旱灾害范围扩大、损失加重，给受旱区城镇居民生活、工农业生产及生态环境带来严重影响[33]。一般来说，许多水利工程并不能增加河川的径流量，只能改变径流的地区分布和年内分配，特别是增加枯水期的径流量。但农业社会生产对水资源的需求加剧和水利工程的调蓄导致径流年际变化产生剧烈波动。另外，如水库运行、河流引水灌溉、傍河取水等人类活动使地表水停留时间过长，蒸散量增加[35]，造成径流年内分配不均匀性与集中程度进一步加剧。

因此，人类活动导致的水资源短缺是引起淮河干流上中游径流量变化的主要因素[32]。人们在推进社会经济发展的同时，盲目围垦造田、乱砍滥伐等引起河道变更、水土流失，改变了淮河流域的水文情势，造成淮河自身抗旱能力减弱。

5.3　基于 Copula 淮河中上游水文干旱频率分析及影响

5.3.1　淮河中上游地区干旱基本统计特性

从表 5-4 可知：淮河干流上游的干旱次数(190)远大于干流中游的干旱次数(154)，但是干流上游的干旱历时(22d)却小于干流中游的干旱历时(28d)，说明上游尽管发生干旱的次数多，但是干旱持续的时间没有下游持续的时间长。三条主要支流的干旱次数(170)和干旱历时(24d)介于上中游之间，其中淮河南岸的史灌河流域干旱发生次数高于其他两条支流。从干旱的最大历时可以看出，上游(息县、王家坝、班台)干旱的最大历时(198d)远小于中游的最大历时(246d)，相差 48 天。淮河流域 D 和 S 的相关系数均通过了 99% 的显著性检验，表明长历时的水文干旱导致干旱烈度大。然而，史灌河的蒋家集站相关系数为 0.67，远低于其他站点，这说明其 D 与 S 的相关性不如其他站点显著。淠史杭灌区总设计灌溉面积 1198 万亩，是全国三个特大型灌区之一，灌区水资源来源，一是大型水库的来水和灌区渠首以上、水库以下的区间径流，二是灌区境内的当地径流，三是天然河湖作为灌区下游的补给水源[18]。天然河湖和大型水库的灌溉导致一般干旱年份干旱历

表 5-4　干旱历时 D 和干旱烈度 S 的统计结果

流域	站名	干旱次数	D 均值/d	D 最大值	S 均值/(m³/s)	D 和 S 相关系数	D 趋势度	S 趋势度
干流上游	息县	191	22	189	323	**0.92**	0.01	0.30
	王家坝	190	22	207	702	0.84	0.01	0.50
干流中游	鲁台子	165	26	245	2095	0.83	−0.03	−1.49
	蚌埠	143	29	247	2268	**0.90**	0.00	−1.17
洪汝河	班台	172	24	197	110	0.89	0.01	0.08
史灌河	蒋家集	178	23	242	94	0.67	0.00	0.03
沙颍河	阜阳	159	25	250	228	0.80	−0.04	−0.13

时长并不能导致干旱烈度大,这也是蒋家集站相关系数低的主要原因。从干旱历时的趋势来看,淮河流域干旱历时基本变化不大,干流下游的干旱烈度呈减小趋势,但是减小趋势不显著。

为了进一步地揭示水文干旱对农业生产的影响,图 5-19 基于干旱历时的起止时间计算得到,从月尺度来看,淮河流域的水文干旱主要集中在 0~180d(1~6月)和 270~365d(10~12 月)。淮河流域冬小麦需水关键期是 3 月下旬至 4 月下旬[35],该时间段也是淮河流域降水较少的月份,从统计的 3~4 月的干旱发生次数和干旱历时可知,淮河流域在 3~4 月平均发生干旱 44 次,干流发生的干旱次数高于支流发生的干旱次数,干流上游息县发生干旱次数最多(86 次)。3~4 月淮河流域平均干旱历时 15d,其中蚌埠干旱历时(23d)是最大的,息县尽管发生干旱次数多,但是干旱历时短,而蚌埠恰好相反。另外,水文干旱也呈现出明显的年代际变化,其中 1975~1985 年干旱历时占总干旱历时的 1/4,另外在 20 世纪 90 年代和 21世纪初是干旱频发且干旱历时最大的年代。《中国气象灾害大典》中 1973 年安徽省伏旱,后又秋冬连旱,全省受旱面积近 $2.8×10^4$ km^2;1978 年 6~8 月全省旱情极其严重[36]。

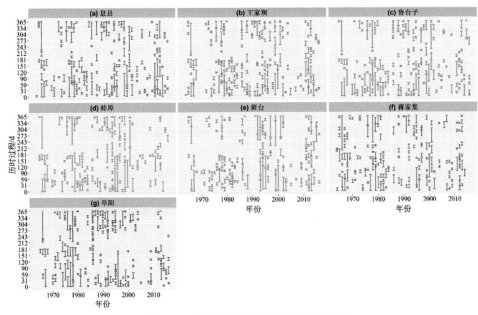

图 5-19　淮河流域水文干旱历时分布图

5.3.2　淮河中上游地区干旱特征单变量频率分析研究

运用线性矩法估计干旱历时和干旱烈度 9 个分布函数的参数,并用 NLogL、

BIC、AIC、AICc 法进行拟合优度检验，结果表明广义帕累托的拟合优度值是最小的，即广义帕累托分布函数是干旱历时拟合最好的分布函数，其次是广义极值分布、对数逻辑分布。干旱烈度中广义极值分布函数是拟合最优的，其次是对数逻辑分布和对数正态分布，不同流域、不同研究对象的最佳概率分布函数是不一样的[11]，因此在做频率分析之前，对概率分布函数的选择是十分有必要的。本书选用拟合最好的广义帕累托分布函数和广义极值分布函数研究淮河流域干旱历时和干旱烈度的频率变化。

　　表 5-5 是运用广义帕累托分布计算的不同重现期下干旱历时的变化情况。由表 5-5 可知：干流下游蚌埠站及淮河北岸支流的班台和阜阳的不同重现期对应的干旱历时的变化大于其他站点的干旱历时。在重现期小于 30 年一遇的各站点中，对应的干旱历时基本上干流下游站点>支流站点>干流上游站点，但是随着重现期的增加，各站点重现期对应的干旱历时增加程度不同，其中淮河北岸支流的阜阳的增加最为明显，从 50 年一遇到 100 年一遇的干旱历时增加了 131 天，其次是蚌埠站和班台站。鲁台子站重现期对应的干旱历时增加最慢，其 100 年一遇的重现期仅次于息县。表 5-6 是不同重现期对应的干旱烈度，干流和支流的日均流量

表 5-5　各站点不同重现期下对应干旱历时

重现期/a	息县/d	王家坝/d	鲁台子/d	蚌埠/d	班台/d	蒋家集/d	阜阳/d
5	27	28	38	35	29	29	28
10	42	44	58	59	47	45	49
20	63	69	81	94	76	68	86
30	79	89	97	123	99	86	119
50	104	121	118	171	137	115	179
70	124	147	134	211	170	138	233
100	149	182	152	264	213	168	310

表 5-6　各站点不同重现期下对应干旱烈度

重现期/a	息县/(m³/s)	王家坝/(m³/s)	鲁台子/(m³/s)	蚌埠/(m³/s)	班台/(m³/s)	蒋家集/(m³/s)	阜阳/(m³/s)
5	27	28	30	35	29	29	28
10	43	44	54	59	47	45	49
20	63	69	94	95	75	68	86
30	79	89	130	124	98	86	119
50	104	121	196	172	136	114	179
70	124	148	256	213	169	138	233
100	150	183	341	267	212	167	310

不同，为了便于各站点之间的对比，计算不同重现期下的各站点干旱烈度与该站点的日平均流量的比值，干旱烈度与流量的比值与流域面积呈显著负相关关系，流域面积越大，其增加越慢，流域面积越小，其增加越快。

5.3.3　淮河中上游地区二维联合 Copula 函数结果分析

1. Copula 函数、边缘分布和联合分布的确定

尽管阿基米德型 Copula 函数的应用最为广泛，但是大量的文献证明，Tawn、BB1 等 Copula 函数广泛地适用于降水、土壤水、洪水等气象水文要素的多变量分析[37]。因此，本书选用常用的 26 种 Copula 函数作为干旱历时和干旱烈度联合分布分析的备用 Copula 函数，Copula 函数的参数采用基于贝叶斯理论的马尔可夫链蒙特卡罗方法（MCMC）。基于 AIC、BIC、Max-Likelihood、NSE、RMSE 综合判断选择拟合最优的 Copula 函数，拟合结果如图 5-20 所示，通过拟合判断方法，息县、鲁台子和阜阳站 Joe 函数的 NSE 最高（越接近 1，表示拟合最优），而其他站点拟合最优的 Copula 函数是 Tawn 函数。

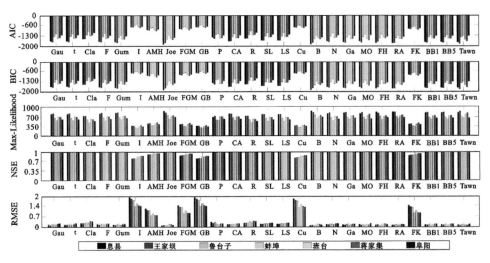

图 5-20　淮河流域干旱历时和干旱烈度 26 种 Copula 分布函数检验的统计值

2. 干旱历时和干旱烈度 Copula 联合频率分析

基于选取的 7 个站的联合分布函数，分别计算水文干旱的干旱历时和干旱烈度的联合重现期和同现重现期，并绘制其分布图。图 5-21 是王家坝站的干旱历时和干旱烈度的 Joe Copula 联合重现期和同现重现期分布图，由于篇幅所限，省略了其他站点的干旱历时和干旱烈度的联合重现期和同现重现期成果图。由图

5-21(a)可知：长历时的高强度的干旱发生的重现期大，说明这类干旱事件发生的频率低，且干旱历时在大于 40 天之后，与不同干旱烈度的联合重现期大，说明超过 40 天的长历时的干旱事件发生的概率低。从图 5-21(b)的同现重现期也能够进一步地反映出来。

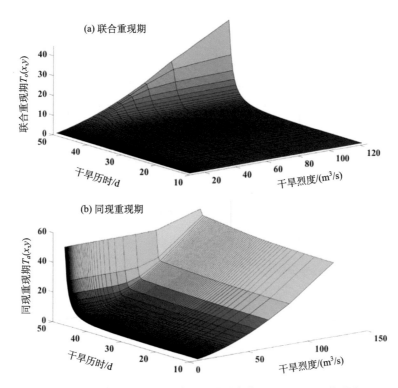

图 5-21　王家坝站干旱历时和干旱烈度的 Joe Copula 函数联合
重现期和同现重现期分布图

图 5-22 是不同重现期对应的各站点干旱历时和干旱烈度的联合重现期及同现重现期。由图 5-22 可知：随着设计重现期的增加，联合重现期和同现重现期也呈增加趋势，特别是重现期大于 30 年的，增加特别明显。对比图 5-22(a)和图 5-22(b)，发现淮河流域干流与支流的站点重现期变化为干流的上游和中游的站点重现期变化呈现一定的规律性。干流站点(水文站 1~4)的联合重现期要大于支流站点(水文站 5~7)，说明支流站点在遭遇长干旱历时或强干旱烈度的干旱事件的概率要大于干流。然而，干流站点的同现重现期却小于支流站点，反映了干流在遭遇长干旱历时且强干旱烈度的干旱事件的概率要大于支流。另外，干流上游与干流下游站点存在同样的规律。干流与支流的流域面积不同，决定了干旱历时和干旱烈度的联合重现期和同现重现期的变化特征，流域面积越大，其对径流

的调节能力越强，对于干旱特征的"或"事件的抵御能力越强，因此淮河干流的干旱历时和干旱烈度发生概率远低于支流。流域面积较小的支流区域，在枯水季节的调蓄能力低，因此淮河支流的干旱历时和干旱烈度发生的概率高于干流，淮河南岸的史灌河流域面积是支流中最小的，淠史杭灌区内蒋家集的干旱特征的"或"事件发生概率最大。

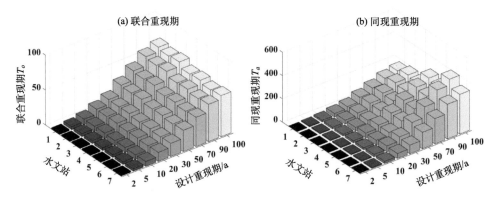

图 5-22　不同频率组合干旱历时和干旱烈度联合重现期和同现重现期

1.息县；2.王家坝；3.鲁台子；4.蚌埠；5.班台；6.蒋家集；7.阜阳

　　图 5-19 中水文干旱也呈现出明显的年代际的变化，其中 1975～1985 年干旱历时占总干旱历时的 1/4，在 20 世纪 90 年代和 21 世纪初是干旱频发且干旱历时最大的年代。从图 5-23 统计的 1981～2014 年安徽省农作物受旱面积和成灾面积可以看出，在 1981～2001 年农作物受旱面积和成灾面积呈显著增加的趋势，其中 1994 年和 2001 年受旱面积分别达到 $27.33 \times 10^5 \mathrm{hm}^2$ 和 $27.24 \times 10^5 \mathrm{hm}^2$，成灾率（成灾面积与受旱面积的比值）达到 67.7% 和 63.4%。从图 5-23 中 20 世纪 90 年代的干旱历时可以看出，在这个时间段长历时的水文干旱事件明显高于其他时期，这也是旱灾受灾面积大的主要原因。淮河流域冬小麦作物需水关键期(拔节至抽穗)主要是在 3～4 月，夏玉米需水关键期(拔节至抽穗)在 7 月中下旬至 8 月下旬，一季稻作物需水关键期(拔节至抽穗)是 7 月中旬至 8 月中旬。淮河流域降水年内分布极不均匀，春季降水量占全年降水量的比例仅为 19%。20 世纪 90 年代前后春季降水量显著减少[14,37]，淮河流域冬小麦作物需水关键期恰好是春季缺水期，从图 5-19 中也可以看出，该季节的干旱频繁发生且干旱历时长。另外，尽管夏季降水比重最高，但是降水的时间分布极不均匀，江淮流域地区夏季极易发生伏旱[38]，这个时期恰好是夏玉米和一季稻的需水关键期，作物需水关键期的缺水会严重影响作物产量。2001 年之后，安徽省农作物受旱面积呈显著减小趋势，图 5-19 中尽管 2002～2010 年水文干旱事件少使受旱面积减小，但是 2010 年之后水文干旱的增

加并没有导致受旱面积显著增加，主要原因是 2010 年后国家发布中央一号文件，要求加强水利设施建设，安徽省的抗旱能力得到了显著提高，有效地降低了水文干旱对于农作物的影响。

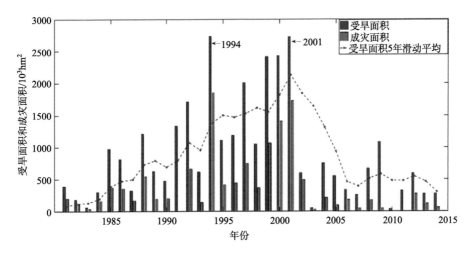

图 5-23　1981～2014 年安徽省农作物受旱面积和成灾面积

5.4　小　　结

　　本章对淮河中上游 9 个水文站点 1956～2016 年的径流变化特征做了全面的分析，并根据自然地理特征、人类活动、前人研究成果等对近 60 年来淮河流域径流变化影响因素进行了探讨，主要结论如下。

　　(1)淮河中上游径流年内分配有较大差异性，主要集中于 5～9 月，夏季月径流量超过全年径流量的一半；淮河流域各站点径流变差系数为 0.16～0.85，径流年际极值比为 1.7～23.9。1956～2016 年各站点径流趋势变化大致相同，整体呈振荡减少趋势。除潢川和横排头站外，其余站点在 1956～1980 年的径流变化波动平缓；淮河中上游径流变化在 1980～1993 年和 2003～2016 年呈增加趋势，而在 1993～2003 年呈减少趋势，尤其是王家坝和蚌埠站在 2003 年突破 95% 的置信区间，表现为显著减少趋势。淮河中上游 4～5 月整体处于减少趋势，其余月份趋势变化不显著，夏季一直为减少趋势。

　　(2)从年周期变化看，淮河中上游径流周期时段主要集中在 20 世纪 60 年代、80 年代和 21 世纪头十年，而周期主要为 2～8a 或 2～4a。班台、王家坝、鲁台子和蚌埠站在 2000 年左右出现了 2.0～3.4a 的周期变化，此外，息县、潢川和蒋家集站在 20 世纪 90 年代至 21 世纪初未达到 95% 的置信区间，但在该尺度上仍是高能区。潢川站年径流量对气候因子的遥相关响应最为明显，其对 MEI 和 PDO 指数的响应分别通过了 95% 和 99% 的显著性检验。PDO 对各站点(除阜阳站外)月径流遥相关的影响最为显著，且主要集中在 6 月，多呈显著负相关关系，尤其是班台站，分别在 1 月、4 月和 6 月通过了 95% 的显著性检验。NAO 和 AO 对研究区月径流量的响应趋势较一致，但 AO 对各站点的响应更为显著，除班台站外，其他站点通过了 95% 的显著性检验，且多呈正相关关系。MEI 和 Niño3.4 对各站点月径流量的响应趋势也呈现一致性，但这两者对研究区的影响并不显著。气候因子对径流的影响在滞后 3 个月最为显著，滞后 6 个月以后显著性则相对较弱。

(3)淮河中上游枯水期流量变差系数值为 0.23～1.34，其中潢川、班台、蒋家集和蚌埠站的变差系数均超过 1，而年最小枯水流量为 0.002～24.5m³/s，枯水期径流年际变化剧烈。息县、王家坝、蒋家集和横排头站不同时间尺度枯水期径流的变异点多发生于 2001 年；阜阳和鲁台子站在不同时间尺度的枯水期径流变异点出现在 1964 年。各站点变异时间多发生在 20 世纪 60 年代初及 21 世纪初。息县、王家坝、班台、蒋家集和横排头站的枯水期径流在整体上呈振荡上升趋势，其中息县、潢川、班台和王家坝站在 Q1、Q7、Q15 中的变化趋势基本一致，整体呈振荡上升趋势。阜阳站和蚌埠站的变化趋势恰好相反。空间分布上，上游枯水流量呈上升趋势，而中游呈下降趋势。息县、班台、阜阳、蚌埠和鲁台子站在 1960～1977 年存在显著周期，另外枯水期径流在不同时间尺度上存在 2～14a 波动较大的显著周期也主要集中在该时间段；潢川、班台、王家坝、蒋家集、横排头和蚌埠站则在 1997～2012 年的时间段内有显著周期，且以 2.0～4.6a 的周期变化为主。

(4)淮河干流上游的干旱次数大于干流中游的干旱次数，但干旱历时却恰好相反。三条主要支流的干旱次数和干旱历时介于干流上中游之间，其中淮河南岸的史灌河流域干旱发生次数高于其他两条支流。淠史杭灌区导致蒋家集的干旱历时和干旱烈度相关性较低。运用 9 种单变量分布函数和 26 种多变量分布函数对淮河流域 7 个水文站干旱历时和干旱烈度进行系统分析，得到广义帕累托分布函数对干旱历时拟合最优，广义极值分布函数对干旱烈度拟合最优，Joe Copula 是拟合最优的 Copula 函数。

(5)在重现期小于 30 年一遇的各站点中，对应的干旱历时基本上干流下游站点＞支流站点＞干流上游站点，但是随着重现期的增加，淮河北岸支流的阜阳的增加最为明显，从 50 年一遇到 100 年一遇的干旱历时增加了 131 天，其次是蚌埠站和班台站。干旱烈度与流量的比值与流域面积呈显著负相关关系，流域面积越大，其增加越慢，流域面积越小，其增加越快。随着设计重现期的增加，联合重现期和同现重现期也呈增加趋势，特别是重现期大于 30 年的，增加特别明显。干流站点的联合重现期要大于支流站点，支流站点在遭遇长干旱历时或强干旱烈度的干旱事件的概率要大于干流。但是，干流站点的同现重现期却小于支流站点，反映了干流在遭遇长干旱历时且强干旱烈度的干旱事件的概率要大于支流。另外，干流上游站点与干流下游站点存在同样的规律。

参 考 文 献

[1] 黄锡荃. 水文学[M]. 北京: 高等教育出版社, 1993.

[2] 周园园, 师长兴, 范小黎, 等. 国内水文序列变异点分析方法及在各流域应用研究进展[J]. 地理科学进展, 2011, 30(11): 1361-1369.

[3] Emir Z, Atila S. A method of streamflow drought analysis[J]. Water Resources Research, 1987, 23(1): 156-168.

[4] 肖名忠, 张强, 陈永勤, 等. 基于三变量 Copula 函数的东江流域水文干旱频率分析[J]. 自然灾害学报, 2013, 22(2): 101-110.

[5] Tallaksen L M, Madsen H, Clausen B. On the definition and modelling of streamflow drought duration and deficit volume[J]. Hydrological Sciences Journal, 1997, 42(1): 15-33.

[6] 陈永勤, 孙鹏, 张强, 等. 基于 Copula 的鄱阳湖流域水文干旱频率分析[J]. 自然灾害学报, 2013, 22(1): 75-84.

[7] Hosking, Jonathan R M. L-moments: Analysis and estimation of distributions using linear combinations of order statistics[J]. Journal of the Royal Statistical Society, Series B (Methodological), 1990, 52: 105-124.

[8] 熊立华, 郭生练, 肖义, 等. Copula 联结函数在多变量水文频率分析中的应用[J]. 武汉大学学报: 工学版, 2005, 38 (6): 16-19.

[9] Nelson R B. An Introduction to Copulas[M]. New York: Springer, 1999.

[10] Gewkeke J. Exact predictive densities for linear models with arch disturbances[J]. Journal of Econometrics, 1989, 40(1): 63-86.

[11] Gewke J. Bayesian inference in econometric models using Monte Carlo integration[J]. Econometrica, 1989, 57(6): 1317-1339.

[12] Andrieu C, Thoms J. A tutorial on adaptive MCMC[J]. Statistics and Computing, 2008, 18(4): 343-373.

[13] Sadegh M, Ragno E, Aghakouchak A. Multivariate Copula analysis toolbox (MvCAT): Describing dependence and underlying uncertainty using a Bayesian framework[J]. Water Resources Research, 2017, 53: 5166-5183.

[14] 郑泳杰, 张强, 陈晓宏. 1961—2005 年淮河流域降水时空演变特征分析[J]. 武汉大学学报 (理学版), 2015, 61(3): 247-254.

[15] 卢燕宇, 吴必文, 田红, 等. 基于 Kriging 插值的 1961—2005 年淮河流域降水时空演变特征分析[J]. 长江流域资源与环境, 2011, 20(5): 567-573.

[16] 陈峪, 高歌, 任国玉, 等. 中国十大流域近 40 多年降水量时空变化特征[J]. 自然资源学报, 2005, 20(5): 637-643.

[17] 谭云娟, 邱新法, 曾燕, 等. 近 50a 来中国不同流域降水的变化趋势分析[J]. 气象科学, 2016, 36(4): 494-501.

[18] 宁远, 钱敏, 王玉太. 淮河流域水利手册[M]. 北京: 科学出版社, 2003.

[19] 王珂清, 曾燕, 谢志清, 等. 1961—2008 年淮河流域气温和降水变化趋势[J]. 气象科学,

2012, 32(6): 671-677.

[20] 王友贞. 淮河流域涝渍灾害及其治理[M]. 北京: 科学出版社, 2015.

[21] 陈小凤, 李瑞, 胡军. 安徽省淮河流域旱灾成因分析及防治对策[J]. 安徽农业科学, 2013, 41(8): 3459-3462.

[22] 凌红波, 徐海量, 张青青, 等. 1957—2007年新疆天山山区气候变化对径流的影响[J]. 自然资源学报, 2011, 26(11): 1908-1917.

[23] 王月, 张强, 张生, 等. 淮河流域降水过程时空特征及其对ENSO影响的响应研究[J]. 地理科学, 2016, 36(1): 128-134.

[24] Feng J, Chen W, Tam C Y, et al. Different impacts of El Niño and El Niño Modoki on China rainfall in the decaying phases[J]. International Journal of Climatology, 2011, 31(14): 2091-2101.

[25] 信忠保, 谢志仁. ENSO事件对淮河流域降水的影响[J]. 海洋预报, 2005, 22(2): 346-354.

[26] 王莉娜, 李勋贵, 王晓磊, 等. 泾河流域枯水复杂性研究[J]. 自然资源学报, 2016, 31(10): 1072.

[27] 倪雅茜. 枯水径流研究进展与评价[D]. 武汉: 武汉大学, 2005: 8.

[28] 王艳姣, 闫峰. 1960—2010年中国降水区域分异及年代际变化特征[J]. 地理科学进展, 2014, 33(10): 1354-1363.

[29] Lee A F S, Heghinian S M. A shift of the mean level in a sequence of independent normal random variables: A Bayesian approach [J]. Technometrics, 1977, 19(4): 503-506.

[30] 王情, 刘雪华, 吕宝磊. 基于SPOT-VGT数据的流域植被覆盖动态变化及空间格局特征——以淮河流域为例[J]. 地理科学进展, 2013, 32(2): 270-277.

[31] 孙鹏, 张强, 陈晓宏. 鄱阳湖流域枯水径流演变特征、成因与影响[J]. 地理研究, 2011, 30(9): 1702-1712.

[32] 唐为安, 田红, 卢燕宇, 等. 1961—2010年降水和土地利用变化对淮河干流上中游径流的影响[J]. 生态环境学报, 2015, (10): 1647-1653.

[33] 王式成, 王敬磊, 刘方, 等. 淮河中游枯水期水量配置与调度技术综合研究[J]. 治淮, 2015, (12): 14-16.

[34] 张晓红, 陈兴, 罗连升, 等. 1960—2008年淮河流域面雨量时空变化及径流响应[J]. 资源科学, 2015, (10): 2051-2058.

[35] 杨秀芹, 王国杰, 叶金印, 等. 基于GLEAM模型的淮河流域地表蒸散量时空变化特征[J]. 农业工程学报, 2015, 31(9): 133-139.

[36] 温克刚, 翟武全. 中国气象灾害大典: 安徽卷[M]. 北京: 气象出版社, 2007.

[37] Zhang Q, Wang Y, Singh V P, et al. Impacts of ENSO and ENSO Modoki+A regimes on seasonal precipitation variations and possible underlying causes in the Huai River basin, China[J]. Journal of Hydrology, 2016, 533: 308-319.

[38] 马晓群, 马玉平, 葛道阔, 等. 淮河流域农作物旱涝灾害损失精细化评估[M]. 北京: 气象出版社, 2016: 62.

第6章 基于非平稳性的淮河水文极值变化特征及生态效应

6.1 淮河中上游洪水极值非平稳性特征研究

近年来，在气候变化和人类活动的共同影响下，淮河流域降水和径流的时空特征发生了显著变化。随着极端降水和气候事件的增加，淮河流域洪涝灾害频发。近 60 年先后出现了 17 个洪涝年份(发生频率为 4 年一次)，年均受涝面积 $2.70 \times 10^4\ km^2$，成灾面积 $1.50 \times 10^4\ km^2$，分别占全流域耕地面积的 21%和 11%。严重的洪涝灾害不仅影响了工农业生产、人民生活和生态环境，给国民经济也造成了重大损失。淮河流域水利工程众多，极大地改变了河川的平稳性，河川径流的平稳假设受到挑战。然而，目前对淮河流域径流变化的研究主要是基于平稳性条件下开展的，且多集中于降水、气候变化和农业干旱风险评价等方面，对于非平稳性条件下的径流变化特征的研究几乎未有涉及。随着极端气候事件的增加，极端水文事件发生频率增加将近一倍。在变化环境下将径流和其他水文过程做稳定性过程处理可能不再合理，尤其是依据水文过程稳定性假设构建的传统频率分析模型，计算的设计标准修建的流域开发利用工程、防洪和抗旱工程等，将面临由变化环境引起的水文变异导致的风险。然而，目前对于淮河流域的非平稳性洪水的研究并不多见。因此，本章基于 GAMLSS 模型与洪水频率分析模型开展淮河中上游的非平稳性洪水特征研究。该研究可为提高淮河流域的防洪减灾能力、促进流域经济社会的可持续发展提供有力的支撑。

6.1.1 研究方法

1. 变异点诊断

Pettitt 非参数检验法是基于 Mann-Whitney 方法的统计函数[1]。均值和方差变异是水文变异的两种基本类型，是用于描述时间序列模型的参数变化的单因素变量[2,3]。该方法通过检验时间序列要素均值和方差的变化进行变异点分析，认为两个样本 $x_1, \cdots, x_t$ 和 $x_{t+1}, \cdots, x_n$ 均来自同一整体：

$$U_{t,n} = U_{t-1,n} + \sum_{j=1}^{n} \text{sgn}(x_t - x_j) \tag{6-1}$$

式中，x_t 为水文序列中第 t 个点的值；x_j 为水文序列中的第 j 个点的值；$t = 2, 3, \cdots, n$。

式(6-1)用于均值突变检测，用 Pettitt 法检测序列方差变异，需要对水文序列进行处理[1]:

$$Y_i = (x_i - L_i)^2 \tag{6-2}$$

用式(6-2)进行突变检测，若存在突变点，则为方差突变。$x_1, x_2, \cdots, x_n$ 表示实测洪水极值序列；L 代表参考函数 Loess 函数；Y 代表残差平方和序列。

2. GAMLSS 模型

将时间序列均值和方差突变及时间趋势纳入广义可加模型 (generalized additive models for location scale and shape，GAMLSS) 的框架中进行突变和时间趋势检测。GAMLSS 模型可用于检测时间序列的平稳性和非平稳性，是一种半参数回归模型[4]。在 GAMLSS 模型中，假设同一时间序列 $y_1, y_2, \cdots, y_n$ 相互独立并且服从分布函数 $F_Y(y_i | \theta_i), \theta_i = (\theta_1, \theta_2, \cdots, \theta_p)$ 表示 p 个参数(位置、尺度和形状参数)形成的向量。记 $g_k(\bullet)$ 表示 θ_k 与解释变量 X_k 和随机效应项之间的单调函数关系:

$$g_k(\theta_k) = \eta_k = X_k \beta_k + \sum_{j=1}^{J_k} Z_{jk} \gamma_{jk} \tag{6-3}$$

式中，η_k 和 θ_k 是长度为 n 的向量；$\beta_k^{\mathrm{T}} = \{\beta_{1k}, \beta_{2k}, \cdots, \beta_{J_k k}\}$ 是长度为 J_k 的参数向量；X_k 是长度为 $n \times J_k$ 的解释变量矩阵；Z_{jk} 是已知的 $n \times q_{jk}$ 固定设计矩阵；γ_{jk} 是正态分布随机变量。如果不考虑随机效应对分布参数的影响，即令 $J_k = 0$，式(6-3)就变成一个全参数模型:

$$g_k(\theta_k) = \eta_k = X_k \beta_k \tag{6-4}$$

当解释变量为时间 t 时，解释变量矩阵 X_k 可以表示为

$$X_k = \begin{bmatrix} 1 & t & \cdots & t^{I_k - 1} \\ 1 & t & \cdots & t^{I_k - 1} \\ 1 & t & \cdots & t^{I_k - 1} \\ 1 & t & \cdots & t^{I_k - 1} \end{bmatrix}_{n \times I_k} \tag{6-5}$$

将式(6-5)代入式(6-4)可以得到分布参数与解释变量时间 t 的函数关系:

$$\begin{cases} g_1(\theta_1(t)) = \beta_{11} + \beta_{21} t + \cdots + \beta_{I_1 1} t^{I_1 - 1} \\ g_2(\theta_2(t)) = \beta_{12} + \beta_{22} t + \cdots + \beta_{I_2 2} t^{I_2 - 1} \\ \quad\quad\quad\quad\quad \vdots \end{cases} \tag{6-6}$$

本章主要探讨均值和方差(分别对应位置参数和尺度参数)的平稳性，选择 4 种最常用的两参极值分布进行分析：Gumbel(GU)、Gamma(GA)、Lognormal(LOGNO) 和 Weibull(WEI)。以时间 t 作为唯一的解释变量，构造参数 θ_1 (均值)

和 θ_2（方差）与时间 t 的线性函数，由式(6-6)可得

$$g_1(\theta_1^i) = t_i \beta_1 \tag{6-7}$$

$$g_2(\theta_2^i) = t_i \beta_2 \tag{6-8}$$

通过 GAMLSS 模型，建立时间序列分布矩阵与时间的函数关系，将趋势和突变统一纳入非平稳性框架中进行分析。主要用两参数模型分析未发生突变点的站点年最大洪峰流量序列，并分为以下 4 种模型：①平稳性模型，θ_1 和 θ_2 均为常数；②θ_1 非平稳，θ_1 是时间 t 的线性函数；③θ_2 非平稳，θ_2 是时间 t 的线性函数；④θ_1、θ_2 均非平稳，θ_1 和 θ_2 均为时间 t 的线性函数。用赤池信息量准则(Akaike information criterion，AIC)选择最优拟合分布模型和函数，用残差诊断图(worm 图)分析模型拟合质量。通过这种方式，可以比较不同概率分布、趋势和突变点(均值/方差)的序列在非平稳性框架中的效果。

3. 非平稳性洪水频率分析模型

Vogel 等[5]提出一个结合两参数对数正态分布函数所构造的非平稳性洪水频率分析模型。模型基本表达式为

$$x_p(t) = \exp\left[\overline{y} + \hat{\beta}\left(t - \frac{t_1 + t_n}{2}\right) + z_p s_y\right] \tag{6-9}$$

式中，$\overline{y}$ 为年最大日流量系列对数值的均值；$\hat{\beta}$ 为模型参数 β 的估计值；t 为年最大日流量序列的时间；t_1 和 t_n 分别表示年最大日流量系列的起始和终止时间；z_p 表示标准正态分布逆函数值；s_y 表示年最大日流量系列对数值的标准差；$x_p(t)$ 表示第 t 年设计标准为 p 的设计流量值。

洪水放大因子：现在设计洪水必须乘以洪水放大系数，以获得未来跟现在洪水同量级的设计洪水值[5]。洪水放大因子大于 1，表明未来设计洪水值要高于现在的设计值，意味着现有的防洪过程设计标准可能无法满足未来防洪的需求；洪水放大因子小于 1，则相反。

$$M = \frac{x_p(t + \Delta t)}{x_p(t)} = \exp(\hat{\beta}\Delta t) \tag{6-10}$$

式中，M 为洪水放大因子；Δt 为时间间隔；其他变量意义同上。

重现期：现在发生的洪水在间隔 t 年后，其重现期大小：

$$T_f = \frac{1}{1 - \Phi\left(z_{p0} - \dfrac{\hat{\beta}\Delta t}{s_y}\right)} \tag{6-11}$$

式中，T_f 为未来重现期；$\Phi(\bullet)$ 为标准正态分布累积概率分布函数；其他变量意义

同上。

6.1.2　淮河水文极值变异点分析

淮河中上游的王家坝、班台和阜阳站年最大洪峰流量序列发生了均值变异和方差变异，息县、蒋家集和鲁台子站年最大洪峰流量仅发生了方差变异，而蚌埠、潢川和横排头站年最大洪峰流量的均值和方差都没有发生变异（图 6-1）。淮河流域继 2000 年发生干旱后，2001 年也发生了春、夏、秋、冬连续干旱的大旱，7月息县站降水较常年同期减少 99%，大旱年也导致淮河干流和史灌河水文站发生方差变异。蚌埠、潢川和横排头水文站的年最大洪峰流量未发生变异，与其他站点相比，淮河南岸的潢川和横排头站所在的潢河和淠河流域面积是最小的，分别为 2400km^2 和 6000km^2。流域面积越小，其径流的变化越大，但是潢河（石山口水库）和淠河（佛子岭水库、响洪甸水库、磨子潭水库和白莲崖水库）上游有大型水库，调节拦蓄了流域内大量洪水。虽然淠河属于山区型河道，坡陡水浅水流急，易受洪水侵袭[6]，但水库防洪库容较大，气候变化和水利工程的调节使得潢河和淠河未发生变异。蚌埠站未发生变异，主要是因为蚌埠站控制流域面积大，且蚌埠到王家坝之间分布了城东湖、瓦埠湖、高塘湖等天然湖泊和荆山湖等行蓄滞洪区，所以蚌埠站年最大洪峰流量在极端降水和暴雨事件增多的前提下，水利工程的调节使其未发生变异。

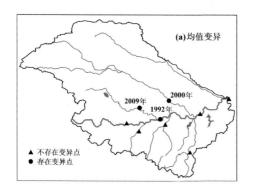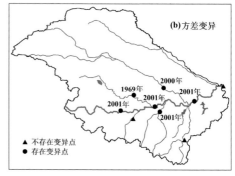

图 6-1　淮河中上游年最大洪峰流量序列变异点分布

淮河中上游 9 个水文站点中未出现仅存在均值变异的站点，除了王家坝的均值变异（1992 年）、阜阳的均值/方差变异（2000 年）和班台的均值/方差变异（2009年/1969 年）以外，其他站点的方差变异时间均发生在 2001 年。这主要是因为近60 年来，全流域年平均气温具有升高趋势，尤其是在 20 世纪 90 年代之后增暖趋势更加明显，并于 20 世纪 90 年代中后期发生暖化突变[7]；淮河流域降水量年际波动较为强烈，1990 年之前降水量基本呈下降趋势，而 2000 年后明显上升[8]。2000 年是旱涝急转发生面积最大(48.08%)的年份，其中王家坝南岸和北岸旱涝急转发生频率高达 40%左右[9]。而王家坝站在 1992 年发生均值变异主要是受旱涝急转的影响，在 1991 年爆发全流域性大洪水而 1992 年发生干旱。

6.1.3　淮河水文极值时间趋势分析

表 6-1 中仅为方差变异的水文站年最大洪峰流量在变异后呈下降趋势，但是下降趋势并不显著；方差和均值变异的阜阳站变异前年最大洪峰流量通过了 95%显著性检验，下降趋势显著；班台站年最大洪峰流量趋势恰好与阜阳站相反，呈上升趋势，且变异前上升趋势显著；王家坝站与其他 5 个变异站点不同，变异前年最大洪峰流量呈下降趋势，变异后呈上升趋势。整体上，淮河中上游年最大洪峰流量除了阜阳和潢川下降趋势显著外，其他站点下降趋势不显著，而横排头站却呈不显著性上升趋势。通过分析变异点对趋势变化的影响(图 6-2)发现，息县、蒋家集、阜阳和鲁台子站的变异点对趋势变化的影响大体一致，除阜阳站在变异前存在显著时间趋势性外，其余各站点在变异前、后序列均无显著趋势性。班台站整体序列呈微弱上升趋势，受变异点影响，变异前上升趋势较为明显[图 6-2(b)]。王家坝站[图 6-2(c)]整体序列呈下降趋势，受变异点影响，变异前呈下降趋势，变异后呈上升趋势。由此可见，趋势分析时进行变异点识别是至关重要的，如果不考虑变异点的影响，趋势分析结果将会误导对序列统计特征的判断[10]。

表 6-1　存在突变点序列变异点前、后子序列趋势检验结果

项目	站点	突变点	变异前		变异后		整体趋势
			M-K	方向	M-K	方向	
均值变异	王家坝	1992 年	−0.89	−	0.35	+	−1.19
	班台	2009 年	1.39*	+	0.12	+	−0.01
	阜阳	2000 年	−1.96**	−	−1.52*	−	−1.86**
方差变异	息县	2001 年	−1.19	−	−1.04	−	−0.82
	蒋家集	2001 年	−1.10	−	−0.36	−	−0.64
	鲁台子	2001 年	−1.21	−	−0.59	−	−0.36
未变异	蚌埠	/	/	/	/	/	−0.10
	潢川	/	/	/	/	/	−1.40*
	横排头	/	/	/	/	/	0.13

*表示 M-K 检验统计值 Z 的绝对值≥1.28，通过了信度 90%的显著性检验；**表示 M-K 检验统计值 Z 的绝对值≥1.96，通过了信度 95%的显著性检验；"+"表示呈增加趋势；"−"表示呈减小趋势；"/"表示趋势不变。

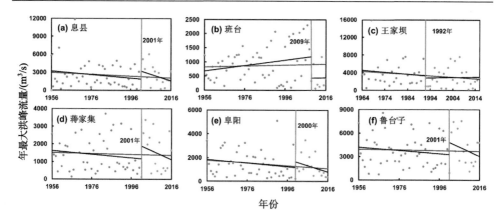

图 6-2 变异点对趋势变化的影响

6.1.4 淮河水文极值 GAMLSS 模型分析结果

由上述分析可知，突变点和时间趋势可能导致年最大洪峰极值序列具有非平稳性。本书用 GAMLSS 模型检测洪峰极值序列的变化，主要用两参数模型分析流域的年最大洪峰流量序列，由表 6-2 可知，在没有发生突变的 3 个站点中，潢川站和蚌埠站年最大洪峰流量的最佳拟合分布函数为两参数的 Weibull 分布，而 Lognormal 分布是横排头站的最佳拟合分布函数。从序列平稳性来分析，潢川站和蚌埠站最优模型为平稳性模型，横排头站选择 θ_1、θ_2 均非平稳（表 6-2）。潢川站的非平稳性模型与平稳性模型 AIC 值相差范围在 1.73～5.22；蚌埠站和横排头站差值分别在 1.97～5.54 和 0.61～2.50，而横排头站的非平稳性模型仅比平稳性模型小 0.61。对于发生突变的 6 个站点（表 6-2），Weibull 分布函数为最佳选择，符合息县、班台和王家坝站年最大洪峰流量的拟合模拟；Gamma 分布函数次之，是蒋家集和鲁台子站的最优拟合函数；Gumbel 分布函数则没有适合的站点。从序列平稳来看，有 6 个站点最优模型为平稳性模型，而班台站和蒋家集站分别选择 θ_1 非平稳性与 θ_2 非平稳性模型。从 AIC 值（表 6-3）来看，发生突变的 6 个站点中阜阳站平稳性与非平稳性的 AIC 差值的范围最小，仅为 0.9～2.8，班台站的非平稳性模型与平稳性模型的 AIC 值差值最大，达到 8.1。

从整体上来看，淮河中上游 9 个站点中，有 5 个站点的最优拟合分布函数是 Weibull 分布函数，其次是 Lognormal 分布函数；班台、蒋家集和横排头站选择的最优分布模型为非平稳性模型，其余 6 个站点选择的最优模型是平稳性模型。未发生突变的 3 个站点差值范围相对较小，其平稳性模型和非平稳性模型区别并不明显，而发生突变的 6 个站点的平稳性模型与非平稳性模型 AIC 差值范围普遍较大。因而，GAMLSS 模型拟合的结果与突变点、趋势分析的结果相吻合，未发生突变的站点其趋势变化不明显。

表 6-2　GAMLSS 模型分析结果

站点	函数模型	ATC			
		平稳性模型	θ_1 非平稳	θ_2 非平稳	θ_1、θ_2 均非平稳
息县	WEI	Y	—	—	—
潢川	WEI	Y	—	—	—
班台	WEI	—	Y	—	—
王家坝	WEI	Y	—	—	—
蒋家集	GA	—	—	Y	—
阜阳	LOGNO	Y	—	—	—
横排头	LOGNO	—	—	—	Y
鲁台子	GA	Y	—	—	—
蚌埠	WEI	Y	—	—	—

注："Y"表示选择的表中 4 种模型的一种，"—"表示没有选择的模型；AIC 值作为优选模型和最优分布选择的依据。

表 6-3　与表 6-2 相对应的各站点最优概率分布的 AIC 值

站点	AIC			
	平稳性模型	θ_1 非平稳	θ_2 非平稳	θ_1、θ_2 均非平稳
息县	1076.8	1078.7	1081.2	1083.2
潢川	564.3	566.0	567.7	569.5
班台	942.1	934.0	941.2	935.4
王家坝	965.4	967.3	967.8	969.4
蒋家集	1004.3	1005.6	1002.8	1010.2
阜阳	997.1	999.0	998.0	999.9
横排头	597.3	599.2	598.6	596.7
鲁台子	1102.9	1104.8	1107.4	1109.2
蚌埠	1093.4	1095.4	1097.2	1099.0

6.1.5　基于 GAMLSS 模型残差分析

残差图的分布趋势可以帮助判断所拟合的线性模型是否满足有关假设，残差序列的分布状况是评估模型拟合效果的重要依据[11]。为检验表 6-4 最终确定的回归模型是否合理，图 6-3 将各站点年最大洪峰流量序列服从表 6-4 最优分布模型条件下的 GAMLSS 模型残差分析。各站点的样本点沿红色曲线并位于两条黑色曲线(95%置信曲线)中间，显示 GAMLSS 模型拟合较好(图 6-3)，为了更直观地反映残差的分布情况，绘出残差正态 QQ 图(图 6-4)。GAMLSS 模型拟合的各个站点正态 QQ 图的残差点沿着理论直线分布，基本保持一致状态，而且概率点距相关系数 R 也趋近于 1，这说明实际残差与理论残差序列有非常好的相关关系。因此从残差分布的角度，各站点基于 GAMLSS 模型选择的最优拟合函数对淮河中上游 9 个站点具有很好的拟合效果。

基于 GAMLSS 模型得到年最大洪峰流量序列的最优拟合结果(图 6-3 和图 6-4)，根据参数的计算结果做出分位图(图 6-5)，然后统计落在每条分位数曲线下方实际的频率值(表 6-4)。各站点年最大洪峰流量序列的分位数中，非平稳性站点横排头站和蒋家集站的分位数曲线随时间序列变化呈现波动趋势，班台站的点虽然波动趋势不明显，但在 25%和 75%分位线上产生较大偏差，均为 6.15%，实际频率分布不是很合理。其余平稳性站点中，除阜阳站在 25%和潢川站在 75%偏差较大外，总体频率分布较为合理，而且落在各条分位数曲线下方实际的频率与理论概率偏差值仅为 0.08%。由于水文序列趋势变化可能为整体趋势，也可能为局部趋势，所以对水文长时间序列变化分析仅用平稳性条件下的线性趋势反映整个序列的变化并不合适。本书选用的水文时间序列较长，如果用平稳性的线性描述

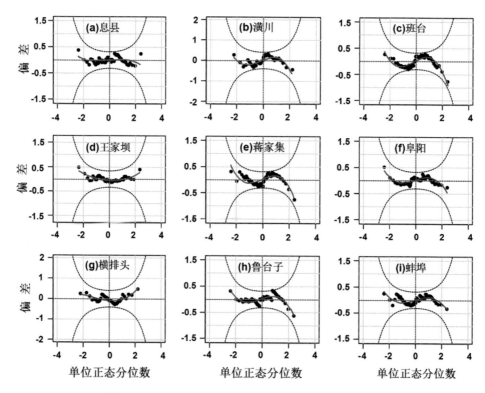

图 6-3　淮河中上游各站点 GAMLSS 拟合的残差检测图

表 6-4　实际频率与理论分位数曲线概率对比

水文序列	分布类型	分位数曲线/%				
		5	25	50	75	95
息县	WEI	6.56	27.87	49.18	68.85	96.72
潢川	WEI	8.10	29.73	48.65	67.57	97.30
班台	WEI	3.28	31.15	47.54	68.85	100
王家坝	WEI	3.77	20.75	54.72	77.36	94.34
蒋家集	GA	3.28	29.51	52.46	67.21	100
阜阳	LOGNO	6.56	32.79	44.26	68.85	96.72
横排头	LOGNO	2.70	24.32	54.05	78.38	91.89
鲁台子	GA	4.92	26.23	49.18	73.77	98.36
蚌埠	WEI	4.92	29.51	50.82	72.13	96.72

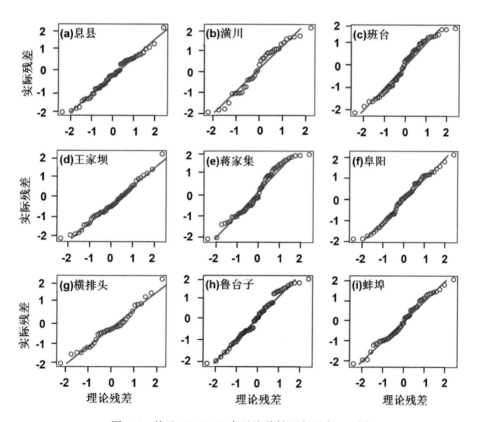

图 6-4　基于 GAMLSS 各站点线性回归正态 QQ 图

较长时间序列的趋势就有可能造成偏差，非平稳性站点序列的实际和理论分位图在局部时段就出现了明显的波动偏差(图 6-5)。而基于 GAMLSS 模型的两参极值分布可能会使站点频率曲线分布产生偏差，需要通过 GAMLSS 模型检验站点的平稳性，然后根据实际与理论曲线的偏差大小，选择是否要引入更多的参数来描述序列非线性趋势变化。

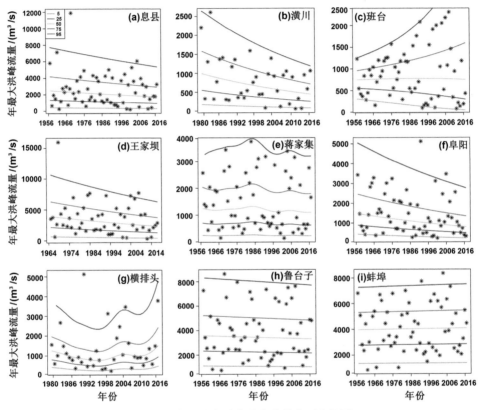

图 6-5 各站点年最大洪峰流量序列分位图

6.1.6 淮河中上游地区非平稳性洪水频率分析

如图 6-6 所示，对淮河中上游洪水频率分析发现，同一站点的年最大洪峰流量在不同的年份，其设计流量值是不同的。横排头和蚌埠年不同重现期的设计流量随时间增加而增加，其他站点不同重现期的设计流量则恰好相反。图 6-7 为各站点年最大洪峰流量累积频率曲线变化图，其通过皮尔逊Ⅲ型分布模型计算得到，是经验频率曲线拟合最优的一种模型[12]。因经验点与 Cs=2Cv 曲线拟合较好，选择此曲线作为皮尔逊Ⅲ型分布累积频率曲线。将皮尔逊Ⅲ型分布模型与非平稳性模型计算所得流量设计值相比较(图 6-6、图 6-7 和表 6-5)显示，淮河中上游非

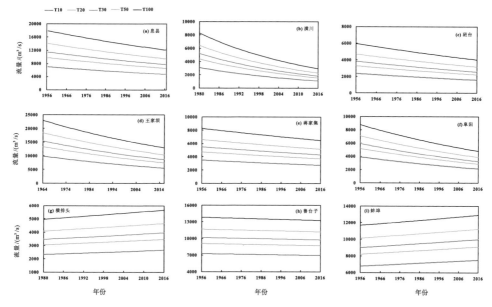

图 6-6　基于皮尔逊Ⅲ各站点年最大洪峰流量非平稳条件下累积频率曲线图

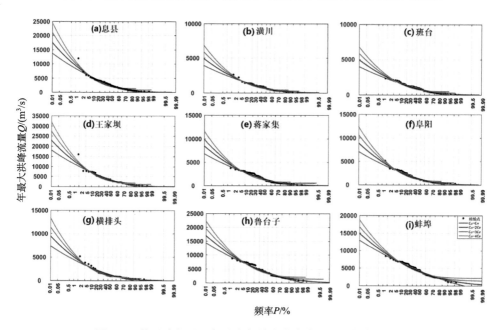

图 6-7　基于皮尔逊Ⅲ各站点年最大洪峰流量累积频率曲线图

平稳设计流量随着时间跨度呈减小趋势，而各站点在 10 年一遇与 20 年一遇的非平稳设计流量值与皮尔逊Ⅲ型分布设计流量值相差不大,但随着时间跨度的增加,30 年一遇、50 年一遇和 100 年一遇的设计流量相差越来越大。尽管王家坝、鲁台

子、蚌埠和横排头站使用非平稳性模型计算的不同重现期的设计流量随着时间变
化呈减少趋势,但非平稳性模型计算的不同重现期的设计流量远高于平稳性模型,
说明目前现有的防洪工程设计标准较低,对未来洪水的抵御能力弱;息县、潢川、
班台和蒋家集站在 2010 年之后,非平稳性的重现期 10 年一遇和 20 年一遇的设计
流量低于平稳性的。淮河流域应当提高超过 30 年一遇的防洪标准,以提高淮河流
域应对大的洪水事件的能力。

表 6-5 皮尔逊III不同重现期的年最大洪峰流量 (单位:m³/s)

重现期	息县	王家坝	鲁台子	蚌埠	潢川	班台	蒋家集	阜阳	横排头
10 年一遇	5160	6950	6650	6650	1540	1650	2810	2870	2660
20 年一遇	6640	8910	8060	7830	1970	2080	3470	3560	3460
30 年一遇	7800	10250	8790	8410	2340	2340	3920	4020	4090
50 年一遇	8240	11010	9330	8840	2400	2480	4190	4340	4350
100 年一遇	9500	12590	10400	9670	2750	2830	4760	5000	5030

图 6-8 给出了洪水放大因子和年最大洪峰流量百年一遇重现期随时间的变化
情况(30 年间隔)。横排头站和蚌埠站[图 6-8(g)和图 6-8(i)]经过 30 年的变化,
其洪水放大因子随着时间增加呈上升趋势且大于 1,百年一遇重现期不足 80 年,
意味着现有的防洪工程设计标准可能无法满足未来防洪需求。潢川站、王家坝站
和阜阳站洪水放大因子均小于 1,这些站点经过 30 年的变化百年一遇重现期均超
过 300 年,表明淮河流域的防洪取得了显著的成就。

洪涝灾害频发对农业生产和社会经济发展起阻碍作用,洪涝灾害的受灾面积
及成灾面积综合反映了灾害对粮食产量波动的危害程度。通过对淮河中上游 9 个
水文站点与洪涝灾害成灾及受灾面积进行相关性分析可知,各站点年最大洪峰流
量与淮河流域、安徽省灾害面积的相关性基本上都通过了 95%的显著性检验,王
家坝、蒋家集、鲁台子和蚌埠站与淮河流域和安徽省洪涝灾害的相关性均突破了
99%的显著性检验(图 6-9 和图 6-10)。蚌埠站的相关系数最大,因位于淮河中游
与洪泽湖之间,控制的集水面积高达 12×10^4 km²,淮河蚌埠河段河床平缓,易受
洪涝灾害的影响。从区域性差异来看,淮河中上游各站点年最大洪峰流量变化对
安徽省水灾受灾面积影响较大,主要是因为淮河流域暴雨洪涝灾害主要集中在流
域中上游安徽省阜南县蒙洼蓄洪区及周边地势低洼地,使得安徽省成为受淮河流
域洪涝灾害影响最严重的省区。安徽皖北地区的耕地面积占全省总耕地面积的
56.2%,耕地抵御洪水灾害能力弱,易受淹农田比例非常高[13]。

总的来说,淮河流域不仅是中国各大流域人口密度最高的地区,也是重要的
粮食生产和能源基地。1983~2014 年,淮河流域粮食播种面积从 16.4×10⁴ km² 增

加到 $19.2 \times 10^4 \text{km}^2$,大量种植的水稻、小麦等粮食作物是洪涝灾害最重要的承灾体。淮河流域自 2000 年以来 GDP 和人口也在不断增加,截至 2014 年 GDP 增加了 5.58×10^4 亿元,人口也增加了近 1720 万人。这在一定程度上改变了淮河流域的水文情势,以致年最大洪峰流量的设计流量在极端事件增加的情况下随着时间跨度呈减小趋势。但值得注意的是,人们在推进社会经济发展的同时,盲目围垦造田、乱砍滥伐等引起河道变更、水土流失也会造成淮河自身抗涝能力的减弱。

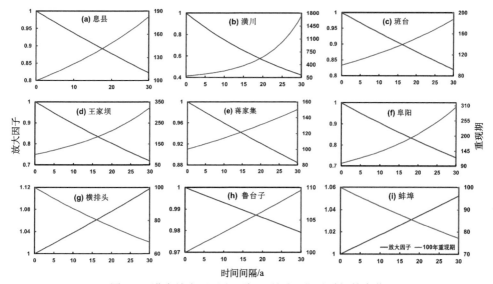

图 6-8　洪水放大因子和百年一遇重现期随时间的变化

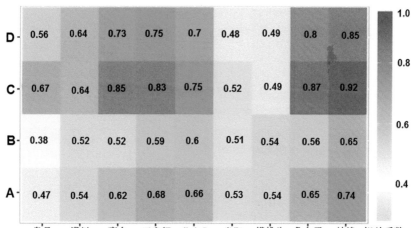

A:淮河水灾受灾面积;B:淮河水灾成灾面积;C:安徽水灾受灾面积;D:安徽水灾成灾面积

图 6-9　各站点年最大洪峰流量与淮河流域、安徽省灾害面积相关性

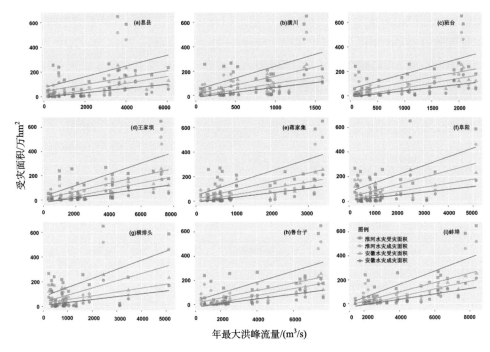

图 6-10　各站点年最大洪峰流量与淮河流域、安徽省灾害面积散点图

6.2　变异条件下淮河中上游生态径流变化特征及成因分析

气候变化和人类活动显著改变区域水循环过程，近年来出现一系列诸如水资源短缺、河道断流等水资源、水环境问题[14-16]。生态需水是一个复杂的概念，至今国内外还未形成一个明确的定义。在实际研究中出现了"生态径流""生态流量""环境流量"等不完全相同但又紧密联系的概念。生态径流是指能够维持河流或者溪流中水生生物多样性和生态系统所需的水量，并且能够保证生态完整性的流动状态[17]，生态径流的研究对象主要侧重于生物群落，考虑依赖于水而生存的动植物、微生物所需要的水量[18]。生态流量是指生态系统的生物完整性随着水量的减少而发生演变，是维持水体生物完整性的需水流量[19]。环境流量的研究对象则侧重于自然环境，是解决环境问题，例如，治理污染、保护水环境景观等所需的水量[18]。从研究方法上来讲，全球生态需水计算方法超过 200 种[20]。总的来说，可以概括为 4 类[21]：①利用传统流量的计算方法计算生态需水，如 Tennant 法[22-24]；②基于水力学基础，如河道湿周法、R2-CROSS[25,26]的方法；③基于生物学基础的栖息地计算，如河道内流量增加（instream flow incremental methodology，IFIM）法[27,28]、CASIMIR 算法（computer aided simulation model for instream flow requirements in diverted stream)[29]等；④以 IFIM 法为基础将水力模型与生物栖息相结合的很多相关模型，如 PHABSIM 模型、River2D 模型[29-31]。

淮河流域地处南北气候过渡地带，气候变化复杂，形成"无降水旱、有降水涝、强降水洪"的特点。淮河流域是中国重要的商品粮基地，平均每年向国家提供的商品粮约占全国商品粮的 1/4，为国家粮食安全提供了强有力的保障[32-34]。随着淮河流域大部分区域水资源被无节制地过度开发，水生态系统健康存在着不同程度的退化[35,36]，严重影响着淮河流域生态系统的平衡并威胁着国家的粮食安全。国家高度重视淮河流域生态环境的保护，在 2018 年 11 月 2 日经国务院批准，国家发展改革委印发《淮河生态经济带发展规划》[37]，淮河流域的生态环境保护和经济发展上升到国家战略，亟须开展淮河流域水生生物多样性和生态系统所需的水资源量的研究。因此，本书选用生态径流指标开展淮河流域生态需水研究显得十分必要。

国内外学者对淮河流域水资源方面开展了大量研究。孙鹏等[38,39]发现淮河中上游径流年际变化剧烈，径流量整体呈下降趋势，枯水流量上游呈增加趋势，中游呈下降趋势；石卫和夏军[40]定量分离了气候变化和人类活动对径流影响的平均贡献率，分别为 38.13% 和 61.87%，人类活动的影响远远大于气候变化产生的影响；在探讨淮河流域的生态需水上，潘扎荣和阮晓红[41]采用年内展布法进行研究，发现淮河流域生态保障程度上游地区高于下游地区，且淮河北岸支流生态需水呈显著下降趋势。刘丹等[35]、于鲁冀[42]分别用生态水力半径法和湿周法来评价淮河二级支流贾鲁河的最小生态需水，结果均在逐年地减少。Zuo 等[43]评价了淮河中上游水生生态系统健康状况，研究表明水生态退化严重。基于上述的研究，淮河流域的径流在逐年下降，生态径流受到严重的破坏。目前，对淮河流域生态径流的研究较少，且主要为从生态径流的保证率和丰、枯季节大坝对生态需水的影响方面开展研究，并未考虑水文变异前后的生态径流变化，研究区域主要集中在淮河中、上游，对于淮河流域水利工程导致的河道生物多样性变化和生态径流的气候变化成因分析方面研究不足。因此，本书利用 Pettitt 变异点检测和流量历时曲线(flow duration curve，FDC)计算得到变异点前后的生态径流指标，分析变异条件下淮河流域生态径流的时空变化特征，根据生物多样性指标香农指数(Shannon index，SI)和水文变异指数(indicators of hydrologic alteration，IHA)之间的关系，评价淮河流域水文变化特征的生态效应，在 GAMLSS 的模型框架下定量分析气候因子对生态径流的影响。本书为科学地理解淮河流域的生态径流演变规律及成因，为淮河流域生态经济发展提供理论依据。

6.2.1　研究方法

1. 变异点分析

具体内容参见 6.1.1 节变异点诊断。

2. 生态剩余和生态赤字

Vogel 等[45]在 2007 年提出了用生态剩余和生态赤字两个指标来评价生态径流。生态径流指标以流量历时曲线(FDC)为基础。FDC 由研究时间段日尺度的径流数据构造，衡量径流量超过给定阈值的时间历时百分比。在研究的时间段内，日径流流量数据 Q_i 从大到小进行排列，其超过概率为[46]

$$p_i = \frac{i}{n+1} \tag{6-12}$$

式中，i 为秩次；n 为日径流流量观测值 Q_i 的样本大小，Q_i 是 p_i 的函数。日径流流量时间序列可构造成年尺度 FDC，也可构造成季节 FDC。淮河流域治理水利较早，因此在研究时段内，水文站点径流过程均受已建水库等水利设施的影响。淮河流域 1956～2016 年日径流数据将以 Pettitt 计算的变异点为数据分割点，变异点前后表示水库调蓄的两种状态。本书构造径流序列年 FDC 或季节 FDC，然后求得 25%和 75%分位数的年 FDC 和季节 FDC，作为淮河流域生态系统保护范围。将两条曲线围成的面积称为生态剩余；同理，将低于 25%的 FDC 曲线和 25%分为曲线围成的面积定义为生态赤字[47,48]，并将其标准化。生态剩余和生态赤字为表征生态径流的指标。

3. 生物多样性评价指标

香农指数(SI)是运用最为广泛的评价生物多样性的指标[48]，计算为

$$\mathrm{SI} = -\sum_i p_i \times \log p_i \tag{6-13}$$

式中，p_i 表示属于群落的第 i 个群落物种比例。香农指数越大，表示生物多样性越丰富。香农指数的计算可利用 Yang 等[48]在 2008 年提出的用 Genetic Programming (GP)算法建立 IHA32 个指标与香农指数的最佳拟合关系：

$$\mathrm{SI} = \frac{\dfrac{D_{\min}}{\mathrm{Min}7} + D_{\min}}{Q_3 + Q_5 + \mathrm{Min}3 + 2 \times \mathrm{Max}3} + R_{\mathrm{rate}} \tag{6-14}$$

式中，$D_{\min}$ 表示天最小流量的日期；Min3、Min7、Max3 分别表示最小 3 天流量、最小 7 天流量和最大 3 天流量；Q_3 和 Q_5 表示 3 月、5 月实测流量；R_{rate} 表示连续

日流量之间的正值差异的均值。

4. 生态径流的非平稳成因分析

GAMLSS 模型是 Rigby 和 Stasinopoulos 在 2005 年提出的参数回归模型[49]，可以用于描述变量序列的统计参数和解释变量之间的线性或非线性关系。

在 GAMLSS 的模型构建框架中，若不考虑随机效应对分布参数的影响，当 $k=1,2,\cdots,p$ 时，GAMLSS 模型为

$$g_k(\theta_k) = \eta_k = X_k \beta_k \tag{6-15}$$

当径流的解释变量为时间 t 时，解释变量的矩阵 X_k 为

$$X_k = \begin{bmatrix} 1 & t & \cdots & t^{I_k-1} \\ 1 & t & \cdots & t^{I_k-1} \\ 1 & t & \cdots & t^{I_k-1} \\ 1 & t & \cdots & t^{I_k-1} \end{bmatrix}_{n \times I_k} \tag{6-16}$$

假设随机变量 X_k 服从三参数概率分布，结合式(6-15)和式(6-16)可得到参数分布和时间变量的函数关系：

$$g_1(\mu_t) = g_1[\mu(t)] = \beta_{11} + \beta_{12}t + \cdots + \beta_{I_11}t^{I_1-1}$$
$$g_1(\sigma_t) = g_1[\sigma(t)] = \beta_{11} + \beta_{12}t + \cdots + \beta_{I_11}t^{I_1-1} \tag{6-17}$$
$$g_1(\nu_t) = g_1[\nu(t)] = \beta_{11} + \beta_{12}t + \cdots + \beta_{I_11}t^{I_1-1}$$

本书结合孙鹏等[38]的研究结果，主要探讨气候因子 NAO、PDO 和 ENSO 对生态径流的影响，选用了 4 种三参数指数高斯分布(exponential Gaussian distribution，exGAUS)、幂指数分布(power exponential distribution，PE)、正态分布族(normal family distribution，NOF)和 t 族分布(t family distribution，TF)作为备选函数。将 NAO、PDO、ENSO 和位置、尺度、形状参数建立 GAMLSS 模型。

6.2.2　淮河中上游生态径流变异特征分析

利用 Pettitt 变异点分析，求出各水文站点的变异点(图 6-11)，阜阳和蒋家集变异时间主要在 1970 年，淮河上游息县变异点在 1991 年，其他中游站点主要集中在 2000 年左右。基于图 6-11 的变异点得到变异前后年和季节尺度的历年 FDC 散点图(图 6-12)。由图 6-12 知：年尺度上变异前和变异后 FDC 的分布范围较为一致，变化不明显，变异后高、低流量能够较好地覆盖住变异前高、低流量出现的区域。但季节尺度上变异前后高、低流量出现的范围有较大的差别，春季和冬季的变异前后高、低流量差别最大。变异后高流量的量级和次数呈显著的下降趋势，而低流量的量级和次数却呈显著增加趋势，春季和冬季的低流量引起生态赤

字增加和生态剩余减小。干流上的年和季节 FDC 在变异前高、低流量出现的范围要大于支流。而支流班台和蒋家集站除了春季外,其他尺度的 FDC 变异前后的分布范围较为一致,主要原因为班台和蒋家集站流域面积和径流量小,水利工程对径流的调节作用明显。FDC 的变化特征只能作为初步判断变异后年和季节生态径流指标的变化特征,若要更加具体地分析生态指标的变化特征,应考虑水文控制站以上的流域平均降水对径流的影响。

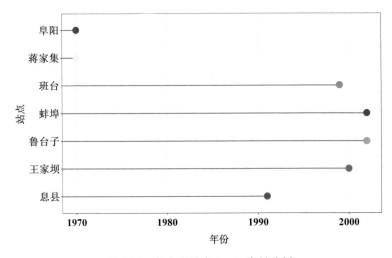

图 6-11　各水文站点 Pettitt 变异分析

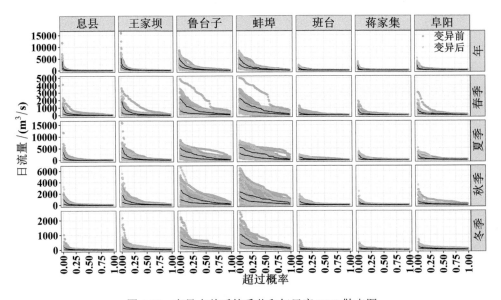

图 6-12　变异点前后的季节和年尺度 FDC 散点图

　　图 6-13 为年、季生态径流指标(生态剩余和生态赤字)与水文站点控制断面以上流域的平均年、季降水距平时间变化特征。年生态径流指标与年降水变化较为一致，相关性达 0.24 以上($p<0.1$)，干流的相关性(0.40)大于支流的相关性(0.30)。鲁台子站的年尺度生态径流指标的相关性最高(0.45)，蒋家集站的年尺度生态径流指标的相关性最低(0.24)。从季节尺度上看，春季生态径流与面降水量相关系数最高(>0.47)($p<0.01$)，其相关系数变化为干流上游>干流中游>支流。夏季生态径流指标与降水距平相关性最低，干流所有站点均通过了 90%置信度检验，而支流的蒋家集站(史灌河灌区面积 152 万亩)和阜阳站(沙颍河灌区面积 1340km²)相关性仅为 0.08 和 0.09，未通过 $p<0.01$ 的显著性检验，这是因为灌区面积较大，人类灌溉对生态径流的影响较大。夏季为淮河流域汛期，在淮河流域干流流域周边建立大量水库和蓄洪区域[50]，对流域内降水形成的径流进行调蓄。秋、冬季作为淮河流域干季，其相关性仅次于春季。

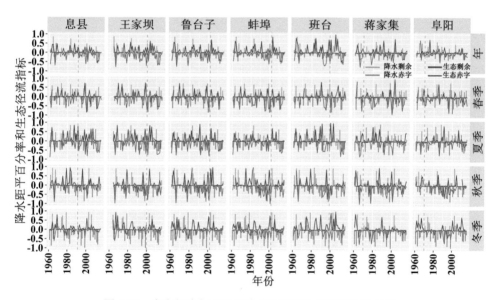

图 6-13　生态径流与面平均降水距平百分率时间变化分析

　　为了进一步分析生态赤字、生态剩余与降水的关系，计算不同时间尺度的生态赤字、生态剩余和面降水的变差系数(Cv)来反映其变化规律。冬季降水变差系数最大(0.73)，而年降水量变差系数最小(0.27)。季节性降水变化幅度并不能引起季节生态赤字和生态剩余的变化。淮河流域生态剩余在春季的 Cv 值最大(3.35)，冬季 Cv 值最小(1.88)；而生态赤字季节变化幅度恰好与生态剩余相反，其冬季变化幅度最大，Cv 值达 1.86。生态赤字的变化幅度远小于生态剩余的变化幅度。从降水量的变化幅度来看，生态赤字与降水的变化规律一致，冬季降水变差系数大，导致生态赤字变化幅度大，而生态剩余主要与工农业生产需水有关，春季是淮河流域冬小麦需水期，冬季农业用水量低，大量的农业用水使得生态剩余春季的 Cv 值是最高的，而冬季生态剩余最小。

　　淮河流域年尺度生态赤字整体上呈增加趋势(图 6-14)，除支流阜阳站外，其他站点生态赤字在 20 世纪 90 年代和 21 世纪 10 年代最大，其中班台站在 20 世纪 90 年代最高达 0.69。从季节尺度上来看，春、夏、秋生态赤字年际变化与年尺度基本一致，呈逐年增加趋势；而生态剩余呈逐年减小趋势，且维持在较低水平。春季生态径流大部分年份均处于赤字状态，这个结果与 Sun 等[51]的淮河流域 4、5 月农业干旱有加剧趋势的结论相符合。春季为农业需水量较大的季节，生态赤字流量的量级远大于生态剩余的量级，表现出水利工程调控和 20 世纪 70 年代农业生产需水对生态赤字的正向影响。而降水最多的夏季，生态赤字均呈逐年上升趋势，生态剩余均在较低水平呈现"低-高-低"的变化，这与蔡涛等[36]研究的"在某些年份丰水期适宜生态径流破坏率较枯水期的要高"相一致。冬季生态径流与年、其他季节尺度变化相反，生态剩余均处较高流量水平，干流呈逐年下降趋势，支流的班台站表现出逐年上升趋势，而蒋家集和阜阳站为先下降后上升的趋势。生态赤字呈现"低-高-低"的变化，在 20 世纪 90 年代达到最大值，其中蚌埠和阜阳站生态赤字最高，分别达 0.65 和 0.66。综上所述，除冬季外，淮河流域年和季节尺度的生态赤字在逐年地增加，春季表现得尤为明显。生态剩余呈逐年减小趋势，尽管冬季生态剩余比其他季节高，但是整体呈减小趋势，特别是 21 世纪头十年以来，淮河流域干流生态剩余达到最低。

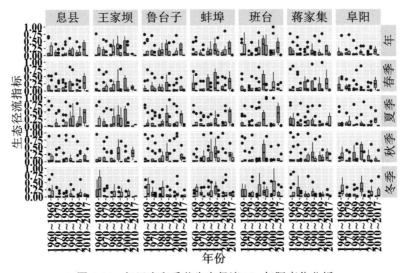

图 6-14　年尺度和季节生态径流 10a 年际变化分析

6.2.3　淮河中上游生态径流变化对生物多样性的影响

图 6-15 是总季节生态径流指标用局部加权多项式回归拟合的曲线。由图 6-15 可知：所有站点的生态剩余均大于生态赤字，除了阜阳站以外，其他站点生态剩余呈下降趋势，且 2000 年后开始迅速下降，2016 年后低于生态赤字。阜阳站在 1980 年之前生态剩余先上升后下降，到 2016 年呈现持续下降趋势。而所有站点生态赤字均呈上升趋势，且 1980 年上升明显，在 2000 年后生态剩余基本为 0。除蒋家集站外，其他站点 2016 年生态赤字均超过了生态剩余，由此可见淮河流域的生态需水日益紧张。社会经济、农业需水与维持生物多样性最低需水量存在着巨大矛盾，并且这样的矛盾在日益加剧。蒋家集站的生态剩余一直高于生态赤字，且在 2016 年与其他站点变化不同，主要是因为蒋家集站所属的淠河位于全国三个特大型灌区之一——淠史杭灌区，其总设计灌溉面积为 1198 万亩，淠河径流受到水利工程显著的调节作用[52]，蒋家集站所在的灌区为淠史杭灌区的史灌河灌区，因此，1980 年以来生态剩余一直维持在一个稳定的状态。

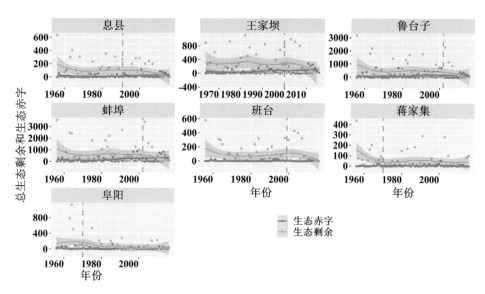

图 6-15　总季节生态剩余和总季节生态赤字的时间变化特征

阴影部分为 Loess 拟合的 95% 置信区间

利用 IHA 径流变化指标计算生物多样性指标——香农指数。从图 6-16 中可知，香农指数的特征变化与总季节生态剩余一致，(除阜阳站外)相关系数数达 0.31 以上(图 6-17)，且香农指数的计算和生态径流的计算方法不同，不存在内部联系。干流总季节生态赤字与香农指数呈显著负相关($r<-0.17$)关系，通过了 90% 的显著

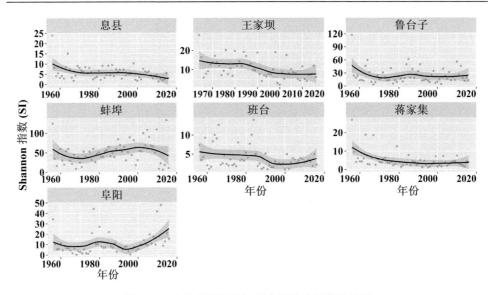

图 6-16　生物多样性指标香农指数时间变化特征

阴影部分为 Loess 拟合的 95%置信区间

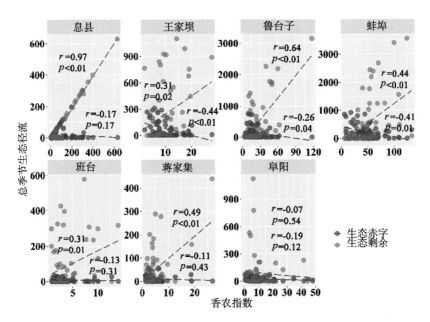

图 6-17　总季节生态径流与香农指数相关散点图

性检验($p<0.1$)，支流未通过显著性检验。阜阳站生态剩余和香农指数呈现负相关关系(其他站点均呈显著正相关关系)，这与王园欣和左其亭[53]在沙颍河河南段的水质分析"沙颍河存在着污染团下泄事件[54]的工业废水污染、农田灌溉

定额过大、化肥农药过度使用以及水资源的开发式掠夺"的研究结果相符,上述情况使沙颍河的生物多样性偏低,且与生态径流关系不显著(图6-16)。所有站点总季节生态剩余在 1970 年之前均呈现显著下降趋势,干流的息县、王家坝、鲁台子和支流的班台、蒋家集等站点的总季节生态剩余一直呈下降的状态,而蚌埠站生态剩余呈现减小-增加-减小的趋势。2000 年蚌埠闸扩建后生物多样性开始急剧下降,下降到 40;阜阳站 1995 年之后生物多样性呈现迅速增加,到 2016 年上升到 25。整体上,淮河中上游的香农指数在不断下降,生物多样性呈下降趋势。班台和阜阳站 2000 年后有上升的趋势,这一结果与王园欣等[53]的研究结果相符,说明近年来生物多样性的保护有了一定的成果,但是效果并不显著。

6.2.4　淮河中上游生态径流指标和 IHA 33 个指标的比较

将生态径流指标的时间序列和 IHA 33 个指标的时序进行相关性分析(图 6-18),由于所选的水文站点未出现过断流现象,因此将 IHA 33 个指标中的零流量天数(number of zero-flow days)忽略。从图 6-18 中可知生态径流指标与 IHA 32 个指标呈现显著的正相关和负相关关系。季节生态赤字、年生态赤字与 Max1、3、7、30、90 流量呈显著正相关($r>0.54$,$p<0.01$),生态剩余与 Min1、3、7、30、90 均呈显著正相关关系($r>0.61$,$p<0.01$)。但是总的季节生态剩余和大部分 IHA 指标呈现负相关关系,相关性不显著。香农指数与 HPL(高流量平均持续时间)呈现显著正相关($r=0.78$,$p<0.01$),与 Rise(年均涨水速率)呈现显著负相关关系($r=-0.71$,$p<0.01$)。低流量谷底数、低流量平均持续时间、涨落变化次数、年最大(最小)流量出现日期与生态径流指标的相关性较小且不显著,这表明了生态径流指标只能反映较大尺度的变化信息,能够体现河流生态总体变化,但是对于一些极端事件则不能准确反映。上述生态径流指标与 IHA 指标进行相关分析显示了生态径流指标能够准确地反映出 IHA 指标的信息,并且 IHA 指标和生态径流指标计算的方法均不相同,因此生态径流指标能够独立地反映淮河流域的生态径流变化信息,可以作为衡量生态需水的定量指标。

6.2.5　淮河中上游生态径流变化规律及成因

基于上述结论,利用 GAMLSS 模型构建以时间和气候因子作为位置、尺度、形状参数的生态径流指标,经过 AIC 模型对生态径流指标集的筛选,表 6-6 是淮河流域各站点拟合最优的分布函数和生态径流指标计算模型。

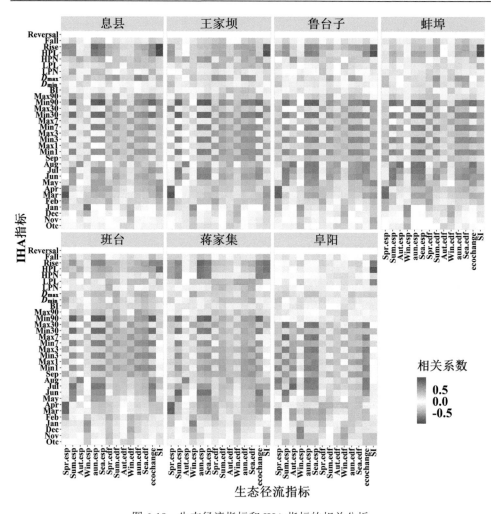

图 6-18　生态径流指标和 IHA 指标的相关分析

Spr.esp (edf) 为春季生态剩余（赤字）；Sum.esp (edf) 为夏季生态剩余（赤字）；Aut.esp (edf) 为秋季生态剩余（赤字）；
Win.esp (edf) 为冬季生态剩余（赤字）；aun.esp (edf) 为年生态剩余（赤字）；Sea.esp (edf) 为季节总生态剩余（赤字）；
ecochange 表示总生态改变；SI 为香农指数；Reversal 表示涨落变化次数；Fall 和 Rise 指年均落水和涨水速率；
HPL（LPL）表示高（低）流量平均持续时间；HPN（LPN）表示高流量洪峰数（低流量谷底数）；D_{max}（D_{min}）为年最大（小）
流量出现日期；BI 为基流指数；Jan、Feb、Mar、Apr、May、Jun、Jul、Aug、Sep、Oct、Nov、Dec 分别为 1～
12 月的月均径流

表 6-6　生态径流与气候因子建立 GAMLSS 模型分析结果和最优概率分布 AIC 值

项目	息县	王家坝	鲁台子	蚌埠	班台	蒋家集	阜阳	AIC 平均值
函数模型	PE	exGAUS	exGAUS	exGAUS	NOF	TF	TF	
模型 1（平稳）	24.0	44.4	36.3	19.2	51.0	21.6	25.2	31.7
模型 2（μ=PDO）	25.7	46.0	38.2	19.3	53.0	19.5	25.2	32.4

续表

项目	息县	王家坝	鲁台子	蚌埠	班台	蒋家集	阜阳	AIC 平均值
模型 3 (σ=NAO)	24.9	44.1	38.2	20.2	52.8	23.5	25.0	32.7
模型 4 (v=Niño3.4)	25.8	45.4	39.0	17.9	52.9	20.3	24.0	32.2
模型 5 (μ=PDO, σ=NAO)	28.2	46.8	37.0	17.7	54.3	20.9	24.7	32.8
模型 6 (μ=PDO, v=Niño3.4)	23.5	47.0	37.2	17.1	54.0	22.0	23.9	32.1
模型 7 (σ=NAO, v=Niño3.4)	22.5	48.9	37.3	18.7	54.3	22.3	24.4	32.6
模型 8 (μ=PDO, σ=NAO, v=Niño3.4)	23.1	44.0	35.3	17.0	52.3	19.6	24.7	30.9
最优模型与模型 1 差值	1.6	0.4	1.0	2.2	0.0	2.1	1.3	

注：加粗为拟合最优模型；AIC 为 Akaike information criterion。

由表 6-6 可知，干流的四个站点中（息县、王家坝、鲁台子和蚌埠），中游的王家坝、鲁台子和蚌埠站的最优模型是模型 8，而上游息县的最优模型是模型 7，其次是模型 8。淮河南岸的蒋家集站最优模型是模型 2，其次是模型 8。体现淮河蚌埠闸以上淮河干流和南岸的生态径流模型的概率分布函数的位置参数、尺度参数和形状参数分别受 PDO、NAO 和 Niño3.4 的影响。阜阳站生态径流最优模型为模型 6，对气候因子 NAO 响应不敏感。而淮河支流最优模型与干流站点差异较大，其中班台站的生态径流最优模型是模型 1，在淮河流域站点中唯一呈平稳态，气候因子对洪汝河的生态径流的影响不显著。尽管淮河流域的生态径流最优模型并不一致，分别对 8 个模型的淮河流域站点的 AIC 取平均，发现模型 8 的 AIC 值（30.9）是最低的，这说明淮河流域整体上模型 8 是拟合最好的。

从分布指数上看，干流 4 个站点有 3 个站点是 exGAUS 函数分布，其次支流 3 个站点有 2 个站点是 TF 函数分布。班台站拟合最优模型是平稳性模型，生态径流受气候因子的影响较低，体现了平稳性的变化。通过分析不同子流域的河床比降、年径流深与 AIC 差值的关系，发现干流的息县站和支流的蒋家集站的 AIC 差值仅次于蚌埠站，且河床比降（分别为 4.9、9.2）和年径流深（分别为 60.8mm、53.1mm）是所有站点中最大的两个，因此生态径流受气候因子的影响与河流的平均水资源量有关。蚌埠闸是淮河干流最大的出水断面控制点，流域内包含着本书研究的所有站点，其跟气候因子的关系较为复杂。淮河干流（除息县站）越往下游，AIC 差值越大，综合越多子流域，气候因子对生态径流的影响越大。

为了更加直观地分析气候因子对生态径流的非平稳性影响，绘制出时间单变量的生态径流流量面积序列分位图（图 6-19）和气候因子与生态径流流量面积序列分位图（图 6-20）。仅以时间作为单一变量绘制出的分位图，虽能够在整体上体

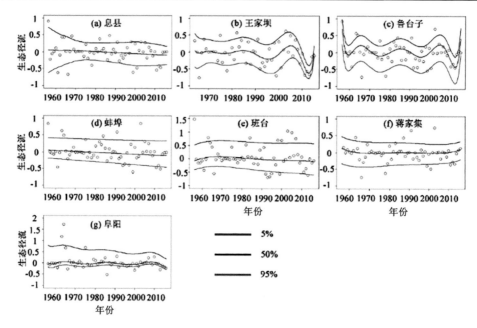

图 6-19　平稳生态径流面积序列分位图

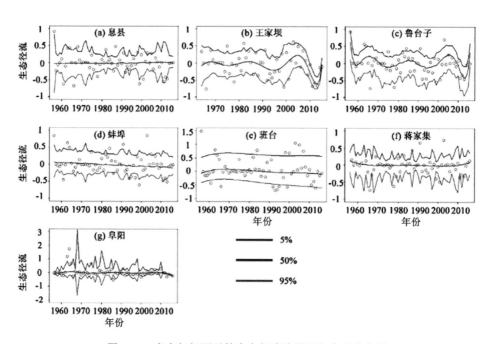

图 6-20　考虑气候因子的生态径流流量面积序列分位图

现生态径流的波动和变化的趋势,但是对于一些极端值和局部趋势拟合的效果不好,并且实际的序列曲线和模型构建的曲线相差较大,蚌埠和阜阳站的生态径流序列拟合分位曲线对极值拟合得极不合理。基于 GAMLSS 模型加入气候因子所建立的模型(图 6-20),修正了仅以时间变量建模时未体现出的局部变化和非平稳性的变化。阜阳站[图 6-20(g)]在 1965 年出现的极端值在加入气候因子建模之后能够很好地模拟出来,而未加入气候因子建模的阜阳站[图 6-19(g)]模型变化与实际生态径流不符。加入气候因子建模,可使生态径流的细节信息体现得更为明显。因此利用 GAMLSS 模型框架对淮河流域的生态径流进行成因分析是合理的。

生态径流的变化总体呈下降趋势。淮河干流(除息县站外)生态径流指标呈下降趋势(图 6-19),表明社会经济和农业用水与生态需水的矛盾日益突出。淮河流域中河南和安徽两省总灌溉面积从 1991 年的 $36.15×10^4 km^2$ 上升到 2016 年的 $37.89×10^4 km^2$,农业总人口由 8341.21 万人上升到 9758.18 万人[55],淮河干流中上游生态需水与农业用水矛盾日益紧张。息县站是干流上游的水文控制站点,息县站的河床比降为 4.9,干流的其他站点河床比降小于 0.35,河流的落差较大并且年径流深为 60.8 mm,水资源较丰富,因此息县的生态径流维持在一个较为稳定的状态。支流的班台、阜阳两站点生态径流呈下降趋势(阜阳站 2010 年后,生态径流显著下降),班台、阜阳两站点河床比降分别为 1 和 1/3000,年径流深分别为 24.6 mm 和 15.7 mm,水资源相对较少。班台和阜阳站所在的洪汝河、沙颍河农业灌溉面积较大(洪汝河灌区 $700 km^2$、沙颍河灌区 $1340 km^2$),工业用水导致生态径流呈持续下降趋势[56]。蒋家集与息县站生态径流相似,均维持一个稳定的状态,蒋家集站的河床比降为 9.2,年径流深达 53.1 mm,水资源量较为丰富,通过灌区水利工程的调蓄,生态径流能维持正常状态。

6.3　小　　结

(1)通过 Pettitt 法检验淮河中上游 9 个水文站点时间序列要素的均值和方差变异点分析发现:潢川、横排头和蚌埠站的年最大洪峰流量未发生明显变异;共有 6 个站点的年最大洪峰流量发生均值或方差变异,变异时间主要集中在 2000 年左右。其中班台、王家坝和阜阳站的年最大洪峰流量发生均值变异,变异时间分别为 2009 年、1992 年、2000 年;班台站、王家坝站、阜阳站的年最大洪峰流量发生方差和均值变异。淮河中上游 9 个水文站点中有 5 个站点的最优拟合分布函数是 Weibull 函数,其次是 Lognormal 分布函数;班台、蒋家集和横排头站选择的最优分布模型为非平稳性模型,其余 6 个站点选择的最优模型是平稳性模型。各站点基于 GAMLSS 模型选择的最优拟合函数对淮河中上游各站点具有很好的拟合效果。非平稳性站点中横排头站和蒋家集站的分位数曲线随时间序列变化呈现波动趋势，班台站在 25%和 75%分位线上产生较大偏差，实际分布不是很合理。其余平稳性站点中除阜阳站在 25%和潢川站在 75%偏差较大外，总体频率分布较为合理。

(2)通过比较各站点在皮尔逊III型分布模型和非平稳性洪水频率分析模型的设计流量值发现，尽管淮河流域非平稳设计流量随时间跨度呈减小趋势，各站点在 10 年一遇与 20 年一遇的非平稳设计流量值与皮尔逊III型分布设计流量值相差不大，但 30 年一遇、50 年一遇和 100 年一遇的设计流量却相差越来越大。淮河干流的王家坝、鲁台子和蚌埠站非平稳性设计流量远高于皮尔逊III型的设计流量。横排头站和蚌埠站经过 30 年变化，其洪水放大因子大于 1 且随时间增加呈上升趋势，百年一遇重现期不足 80 年，意味着现有的防洪工程设计标准可能无法满足未来防洪需求。潢川站、王家坝站和阜阳站经过 30 年变化，百年一遇重现期均超过 300 年。各站点年最大洪峰流量与淮河流域、安徽省灾害面积相关性基本上都通过 95%的显著性检验，王家坝、蒋家集、鲁台子和蚌埠站与淮河流域和安徽省洪涝灾害的相关性均突破 99%的显著性检验。

(3)利用 Pettitt 非参数检验方法求出日径流变异时间，淮河中上游站点变异之后生态剩余减少和生态赤字增多，且干流生态赤字增加比支流更为明显。年尺度上，区域降水量是影响生态剩余和生态赤字变化的主要原因。季节尺度上，春季、秋季和冬季生态剩余和生态赤字与面降水量相关性显著，且春季相关系数最高(0.47)，相关性变化为干流上游>干流中游>支流。夏季生态剩余和生态赤字与面降水量相关性最低，主要是淮河夏季汛期径流受水库调蓄和植被截留等影响，在支流蒋家集和阜阳站表现最为明显。

(4)总季节生态剩余呈逐年下降趋势，到 2016 年所有站点(除蒋家集站)生态赤字超过了生态剩余。利用 IHA 计算的香农指数整体呈逐年下降趋势，表明淮河流域生物多样性呈减小趋势，阜阳站 2000 年后随着生物多样性的保护，香农指数有轻微上升，但并不显著。香农指数与生态剩余(除阜阳站)呈显著正相关($r>0.31$，$p<0.01$)；干流(除息县站)香农指数与生态赤字呈显著负相关($r<-0.17$，$p<0.1$)。利用流量历时曲线计算的生态径流指标与 IHA 32 指标有很好的相关关系，能够体现出 IHA 的大部分参数信息，生态径流指标能够很好地评价淮河流域季节和年生态径流变化特征。

(5)淮河中上游 7 个站点中有 3 个站点(王家坝、鲁台子、蚌埠)的最优拟合分布函数是 exGAUS(均在干流)，其次是 TF 函数(均在支流)。淮河流域生态径流整体上最优的模型是 PDO、NAO 和 Niño3.4 三参数模型。干流(除息县站)往下游 AIC 差值逐渐增大，流域面积越大，气候因子对其生态径流的影响越大。通过 GAMLSS 模型构建的非平稳性的生态径流对极端值和局部趋势拟合的效果更优。

参 考 文 献

[1] Pettitt A N. A non-parametric approach to the change-point problem[J]. Journal of the Royal Statistical Society, 1979, 28(2): 126-135.

[2] 张洪波, 余荧皓, 南政年, 等. 基于 TFPW-BS-Pettitt 法的水文序列多点均值跳跃变异识别[J]. 水利发电学报, 2017, 36(7): 14-22.

[3] Beaulieu C, Chen J, Sarmiento J L. Change-point analysis as a tool to detect abrupt climate variations[J]. Philosophical Transactions, 2012, 370(1962): 1228-1249.

[4] Rigby R A, Stasinopoulos D M. Generalized additive models for location, scale and shape[J]. Journal of the Royal Statistical Society, 2010, 54(3): 507-554.

[5] Vogel R M, Yaindl C, Walter M. Nonstationarity: Flood magnification and recurrence reduction factors in the United States[J]. Journal of the American Water Resources Association, 2011, 47(3): 464-474.

[6] 安徽省地方志编委会. 安徽省志: 自然环境志[M]. 北京: 方志出版社, 1999.

[7] 叶金印, 黄勇, 张春莉, 等. 近 50 年淮河流域气候变化时空特征分析[J]. 生态环境学报, 2016, 25(1): 84-91.

[8] 卢燕宇, 吴必文, 田红, 等. 基于 Kriging 插值的1961—2005 年淮河流域降水时空演变特征分析[J]. 长江流域资源与环境, 2011, 20(5): 567-573.

[9] 黄茹. 淮河流域旱涝急转事件演变及应对研究[D]. 北京: 中国水利水电科学研究院, 2015.

[10] 顾西辉, 张强, 王宗志. 1951-2010 年珠江流域洪水极值序列平稳性特征研究[J]. 自然资源学报, 2015, 30(5): 824-835.

[11] 江聪, 熊立华. 基于 GAMLSS 模型的宜昌站年径流序列趋势分析[J]. 地理学报, 2012, 67(11): 1505-1514.

[12] 中华人民共和国水利部. 水利水电工程设计洪水计算规范: SL44—2006[M]. 北京: 中国水利水电出版社, 2006.

[13] 项思可. 安徽土地资源概况及土地利用结构与状况分析[J]. 广东农业科学, 2010, 37(8): 349-353.

[14] 张宗娇, 张强, 顾西辉, 等. 水文变异条件下的黄河干流生态径流特征及生态效应[J]. 自然资源学报, 2016, 31(12): 2021-2033.

[15] 王改玲, 王青杵, 石生新. 山西省永定河流域林草植被生态需水研究[J]. 自然资源学报, 2013, 28(10): 1743-1753.

[16] 李建, 夏自强. 基于物理栖息地模拟的长江中游生态流量研究[J]. 水利学报, 2011, 42(6): 678-684.

[17] Karr J R, Dudley D R. Ecological perspective on water quality goals[J]. Environmental Management, 1981, 5(1): 55-68.

[18] 马乐宽, 李天宏. 关于生态环境需水概念与定义探讨[J]. 中国人口、资源与环境, 2008, 18(5): 169.

[19] 陈敏建, 王浩. 中国分区域生态需水研究[J]. 中国水利, 2007, (9): 31-37.

[20] Tharme R E. A global perspective on environmental flow assessment: Emerging trends in the development and application of environmental flow methodologies for river[J]. River Research

and Applications, 2003, 19(4): 397-441.

[21] 张强, 崔瑛, 陈永勤. 水文变异条件下的东江流域生态径流研究[J]. 自然资源学报, 2012, (5): 790-800.

[22] Tennant D L. Instream flow regimens for fish, wildlife, recreation and related environmental resources[J]. Fisheries, 1976, 1(4): 6-10.

[23] Telis P A. Techniques for estimating 7-day, 10-year low-flow characteristics for ungaged sites on streams in Mississippi[J]. Center for Integrated Data Analytics Wisconsin Science Center, 1992.

[24] Ames D P. Estimating 7Q10 confidence limits from data: A bootstrap approach[J]. Journal of Water Resources Planning and Management, 2006, 132(3): 204-208.

[25] Tharme R E. A global perspective on environmental flow assessment: Emerging trends in the development and application of environmental flow methodologies for rivers[J]. River Research and Applications, 2003, 19(5-6): 397-441.

[26] Jha R, Sharma K D, Singh V P. Critical appraisal of methods for the assessment of environmental flows and their application in two river systems of India[J]. KSCE Journal of Civil Engineering, 2008, 12(3): 213-219.

[27] Barrett M P J. An evaluation of the instream flow incremental methodology (IFIM)[J]. Journal of the Arizona-Nevada Academy of Science, 1992, 24-25: 75-77.

[28] Leclerc M, Boudreault A, Bechara T A, et al. Two-dimensional hydrodynamic modeling: A neglected tool in the instream flow incremental methodology[J]. Transactions of the American Fisheries Society, 1995, 124(5): 645-662.

[29] Theiling C H, Nestler J M. River stage response to alteration of Upper Mississippi River channels, floodplains, and watersheds[J]. Hydrobiologia, 2010, 640(1): 17-47.

[30] Booker D J, Dunbar M J. Application of physical habitat simulation (PHABSIM) modelling to modified urban river channels[J]. River Research and Applications, 2004, 20(2): 167-183.

[31] Pasternack G B, Wang C L, Merz J E. Application of a 2D hydrodynamic model to design of reach-scale spawning gravel replenishment on the Mokelumne River, California[J]. River Research and Applications, 2004, 20(2): 205-225.

[32] Wang Y, Zhang Q, Singh V P. Spatiotemporal patterns of precipitation regimes in the Huai River basin, China, and possible relations with ENSO events[J]. Natural Hazards, 2016, 82(3): 2167-2185.

[33] 余敦先, 夏军, 张永勇, 等. 近 50 年来淮河流域极端降水的时空变化及统计特征[J]. 地理学报, 2011, 66(9): 1200-1210.

[34] 杜云. 淮河流域农业干旱灾害风险评价研究[D]. 合肥: 合肥工业大学, 2013.

[35] 刘丹, 邢琼琼, 郭欣欣, 等. 基于生态水力半径法的贾鲁河生态需水量计算[J]. 水资源与水工程学报, 2018, 29(1): 105-110.

[36] 蔡涛, 李琼芳, 王鸿杰, 等. 淮河上游生态需水量计算分析[J]. 河海大学学报(自然科学版), 2009, 37(6): 635-639.

[37] 发展改革委关于印发实施《淮河生态经济带发展规划》的通知[EB/OL]. http: //www. gov. cn/xinwen/2018-11/13/content-5339776. htm(2018/11/2).

[38] 孙鹏, 孙玉燕, 张强, 等. 淮河流域径流过程变化时空特征及成因[J]. 湖泊科学, 2018, 30(2): 497-508.

[39] 孙玉燕, 孙鹏, 姚蕊, 等. 淮河流域枯水流量演变特征、成因与影响研究[J]. 北京师范大学学报(自然科学版), 2018, 54(4): 113-122.

[40] 石卫, 夏军. 气候变化影响下淮河流域水文响应和成因识别[C]. 第十四届中国水论坛, 2017.

[41] 潘扎荣, 阮晓红. 淮河流域河道内生态需水保障程度时空特征解析[J]. 水利学报, 2015, 46(3): 280-290.

[42] 于鲁冀. 基于改进湿周法的贾鲁河河道内生态需水量计算[J]. 水利水电科技进展, 2016, 36(3): 5-9.

[43] Zuo Q, Chen H, Zhang Y. Impact factors and health assessment of aquatic ecosystem in Upper and Middle Huai River Basin[J]. Journal of Hydraulic Engineering, 2015, 46(9): 1019-1027.

[44] Xie H, Li D, Xiong L. Exploring the ability of the Pettitt method for detecting change point by Monte Carlo simulation[J]. Stochastic Environmental Research and Risk Assessment, 2014, 28(7): 1643-1655.

[45] Vogel R M, Sieber J, Archfield S A, et al. Relations among storage yield and instream flow[J]. Water Resources Research, 2007, 43(5): W05403.

[46] Diego D G J, Javier G. Evaluation of instream habitat enhancement options using fish habitat simulations: Case-studies in the river Pas (Spain)[J]. Aquatic Ecology, 2007, 41(3): 461-474.

[47] Kuo S R, Lin H J, Shao K T. Seasonal changes in abundance and composition of the fish assemblage in Chiku Lagoon, southwestern Taiwan[J]. Bulletin of Marine Science, 2001, 68(1): 85-99.

[48] Yang Y C E, Cai X, Herricks E E. Identification of hydrologic indicators related to fish diversity and abundance: A data mining approach for fish community analysis[J]. Water Resources Research, 2008, 44: W04412.

[49] Rigby R A, Stasinopoulos D M. Generalized additive models for location scale and shape[J]. Journal of the Royal Statistical Society, 2005, 54(3): 507-554.

[50] 丁宝秀. 淮河行蓄洪区相关规划和建设总体方案发布. http://www.chinanews.com/sh/2018/10-17/8652753.shtml(2018/10/17).

[51] Sun P, Zhang Q, Wen Q Z, et al. Multisource data based integrated agricultural drought monitoring in the Huai River basin, China[J]. Journal of Geophysical Research Atmospheres, 2017, 122(20): 10751-10772.

[52] 宁远, 钱敏, 王玉太. 淮河流域水利手册[M]. 北京: 科学出版社, 2003.

[53] 王园欣, 左其亭. 沙颍河河南段水质变化及成因分析[J]. 水资源与水工程学报, 2012, 23(4): 47-50.

[54] 左其亭, 刘子辉, 窦明, 等. 闸坝对河流水质水量影响评估及调控能力识别研究框架[J]. 南水北调与水利科技, 2011, 9(2): 18-21.

[55] 水利部淮河水利委员会. 治淮汇刊年鉴[M]. 蚌埠: 《治淮汇刊年鉴》编辑部, 1990~2017.

[56] 马跃先, 王丰, 李世英, 等. 淮河流域干江河年径流演变特征及动因分析[J]. 水文, 2008, 28(1): 77-79.

第 7 章 基于多源数据的综合干旱指数及旱灾风险分析

7.1 基于多源遥感数据的农业干旱监测模型构建及应用

已有对淮河流域干旱的研究均基于观测站点的数据，而观测站点数量有限且分布不均，在精细化的干旱监测与预警方面需要进一步的提高，基于多源数据的干旱监测可进一步提高干旱监测的时空分辨率。国内外诸多研究是基于土壤水分胁迫、植被生长状态和气象降水盈亏等因素，构建综合干旱监测模型来准确反映研究区重大干旱过程的。但对淮河流域的综合干旱监测研究并不多，与区域洪旱灾害研究的重大需求不相适应，因此，本书综合大气-植被-土壤相互作用所涉多元成因，构建适用于淮河流域的综合遥感干旱监测模型(integrated remote sensing drought monitoring index，IRSDI)，以探讨该区干旱时空特征及可能成因，为淮河流域防旱抗旱实践提供科学依据。

7.1.1 数据与方法

1. 数据

选用 2001 年 1 月~2013 年 12 月淮河流域 40 个气象站点逐日降水量、日均气温及风速等资料。缺测数据处理如下：如最大连续缺测数据小于 5 天，用相邻数据线性插补；如大于 5 天，用最大搜索半径为 400km 的相邻站点进行线性插补。气象数据由中国气象局国家气象信息中心提供。土壤墒情数据为 2001~2013 年 28 个站点旬尺度 10cm 和 20cm 数据，土壤墒情为土壤的湿度情况，用土壤含水量占烘干土重的百分数表示，该数据由水利部淮河水利委员会提供。另有 2003~2013 年的 MODIS 地表反射数据(MOD09A1)、植被指数(MOD13A3)和地表温度(MOD11A2)等数据。MOD09A1 为 8 天合成的地表植被指数，分辨率为 0.5km；MOD13A3 为 16 天合成的地表植被指数，分辨率为 0.25km；MOD11A2 为每 8 天合成的地表温度，分辨率为 1km，采用分裂窗算法反演获得[1]。2010 年淮河流域土地利用图来自中国科学院地理科学与资源研究所的共享数据——2010 年中国土地利用现状遥感监测数据(http://www.resdc.cn/)。

2. 研究方法

1)标准化降水蒸散指数(SPEI)

Vicente-Serrano 等[2]提出用 SPEI 指标来研究旱涝。该指标同时考虑降水(P)

和潜在蒸散发(PET)，其中潜在蒸散发指的是在水足够多的情况下所能产生的蒸发和蒸腾总量，采用 Penman-Monteith 公式计算。SPEI 计算方法的原理是用降水量与蒸散量的差值偏离平均状态的程度来表征某地区的干旱。

2) 遥感干旱指数

目前，国内外学者利用地表作物反射光谱信息进行了大量研究，建立了数十种遥感干旱指数。总的来说，遥感干旱指数可分为 4 大类，分别为作物冠层温度、作物形态和绿度、土壤水分变化和植被水分变化[3-7]。在现有的研究里，通常只选用一种遥感干旱指数来监测区域干旱事件，导致部分区域出现监测结果与实际不相符的情况[8]。其主要原因在于，各遥感干旱监测指标具有不同的时空适用性。因此，对不同区域、不同作物生长阶段进行遥感干旱监测时，应该选取最适合的农业干旱监测指数。本书从遥感干旱指数 4 大类(表 7-1)中分别选择一个与土壤墒情拟合最优的指数构建综合遥感干旱监测模型。

表 7-1　农业干旱遥感监测指标

指数分类	遥感指标	指数分类	遥感指标	指数分类	遥感指标	指数分类	遥感指标
作物冠层温度	温度条件指数 TCI	作物形态和绿度	距平植被指数 AVI	土壤水分变化	改进的垂直干旱指数 MPDI	植被水分变化	全球植被水分指数 GVMI
	温度植被旱情指数 TVDI		增强植被指数 EVI		垂直干旱指数 PDI		地表水分指数 LSWI
	植被供水指数 VWSI		比值植被指数 RVI		可见光和短波红外干旱指数 VSDI		短波红外垂直失水指数 SIVWLI
	植被条件温度指数 VTCI		归一化植被指数 NDVI				水分胁迫指数 WSI
			植被条件指数 VCI				

注：TCI: temperature conditional index; TVDI: temperature vegetation drought index; VWSI: vegetation water supply index; VTCI: vegetation conditional temperature index; AVI: abnormally vegetation index; EVI: enhanced vegetation index; RVI: ratio vegetation index; NDVI: normalized difference vegetation index; VCI: vegetation conditional index; MPDI: modified perpendicular dryness index; PDI: perpendicular dryness index; VSDI: visible light and short-wave infrared drought index; GVMI: global vegetation moisture index; LSWI: land surface water index; SIVWLI: short-wave infrared vertical water loss index; WSI: water stress index

3) 趋势分析

趋势度检验法广泛应用于气象及水文过程的非参数趋势分析方法，近年来也被应用于遥感时序数据趋势分析[9,10]中。M-K 检验法对数据样本分布不做要求，特别适合于非正态分布的时序数据，此外其能够避免时间序列数据缺失对分析结果的影响，且能剔除异常值的干扰。对于有时间序列的综合干旱监测模型，$i=1,2,3,\cdots,n$，SEN 趋势公式[11]为

$$\beta = \mathrm{MED}\left(\frac{S_j - S_i}{j - i}\right), j > i \tag{7-1}$$

式中，$1<j<i<n$；MED 表示中位数；β 表示 SEN 趋势，为综合干旱指数增强或衰减程度，$\beta>0$ 显示综合干旱指数有增加趋势，反之亦然。SEN 趋势显著性判断采用 M-K 法及测定各种变化趋势的起始位置。

7.1.2　淮河流域综合遥感干旱监测模型构建及适用性

1. 16 种指数在淮河流域的分类和建模指数选取

李阿伦等[12]分析了各层土壤水，得出 20cm 土层含水量最为稳定，是表征土壤墒情的良好指标；马瑞昆等[13]研究表明在浅层地下(20cm)供水对作物的单株生物量、单株穗数和单株粒重的表现最好；刘荣花等[14]的郑州冬小麦根系田间试验研究表明，冬小麦根长密度主要集中在 0~50cm，占总根部的 57.7%，20cm 处于 0~50cm 的中间部位，研究 20cm 土壤墒情能够直观反映出土壤中作物吸收水分的多少。结合以上研究结论，故选用 20cm 土壤墒情作为本书的研究参考指标。

图 7-1(a)是提取的 16 种遥感干旱指数与 20cm 土壤墒情相关系数，图 7-1(b)是 16 种遥感干旱指数的置信度(1：显著水平)。相关系数越大，置信度相对也越大，表示两者的相关关系越强。本书依据遥感干旱指数的分类，从 4 大类中分别选择遥感干旱指数与 20cm 土壤墒情的最大置信度作为遥感干旱指数。由图 7-1 可知，遥感干旱指数的相关系数和显著性系数均较大，反映作物冠层温度变化的温度条件指数(TCI)的置信度(0.991)是最大的，反映作物形态和绿度变化的距平植被指数(AVI)的置信度(0.995)是最大的，反映土壤水分变化的可见光和短波红外干旱指数(VSDI)的置信度(0.994)是最大的，反映植被水分变化的全球植被水分指数(GVMI)的置信度(0.99)是最大的，因此本书选择上述干旱指数作为本书研究的遥感干旱指数。

2. 综合遥感干旱监测模型的构建

综合国内外研究，农业干旱的定义是土壤水分供给无法满足作物水分的需求导致的作物水分亏缺，通常最先表现为降水减少导致的土壤墒情缺少，同时伴随着作物蒸腾的不断失水，最终作物体内水分无法满足正常的生理活动，表现为抑制作物生长，进而会出现农作物减产或者绝收，且干旱对农作物不同生育期的影

响存在显著差异[15-18]。

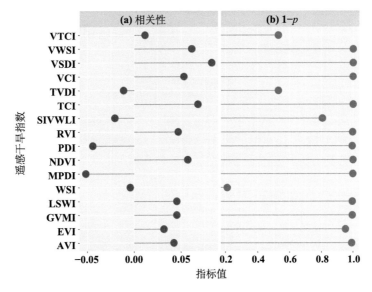

图 7-1　16 种干旱指数和 20cm 土壤墒情相关系数和置信度

　　上述研究表明，农业干旱过程由多种致灾因子决定，不但涉及大气降水、植被生长状态和土壤水分胁迫等因素，而且与蒸发、土壤有效持水量等因素有关。单个指数对干旱反映存在不足，致灾因子之间的耦合关系复杂，由于数据的局限性和干旱成因的复杂性导致不能全面反映农业干旱与气象干旱、土壤干旱、蒸发之间的关系。因此，为弥补数据自身的缺陷和完善干旱监测机理，干旱监测研究更加趋向于多源信息的综合方法研究。本书研究基于农业干旱指数的定义，选择能够反映作物冠层温度变化、作物形态和绿度变化、土壤水分变化和植被水分变化的遥感数据构建综合遥感干旱监测模型，其既能反映土壤水分的变化，又能反映农作物的水分亏缺状况，具体的模型构建和验证流程如图 7-2 所示。

　　本书从 16 种最常用的遥感指数(表 7-1)中，通过相关性分析，筛选出反映作物冠层温度变化、作物形态和绿度变化、土壤水分变化和植被水分变化的最优的遥感干旱指数，分别是温度条件指数(TCI)、距平植被指数(AVI)、可见光和短波红外干旱指数(VSDI)和全球植被水分指数(GVMI)。选用土壤墒情作为农作物受旱的评价指标，但是淮河流域土壤墒情站点数量有限，在空间尺度上缺点明显。因此，本书选取 22 个农业站点的 20cm 土壤墒情数据作为因变量，将 2001～2013年基于 MODIS 遥感数据计算的经标准化处理、异常值处理、残缺值处理后的 4个最优的干旱指数(TCI、AVI、VSDI 和 GVMI)作为自变量。同时，考虑到不同农业遥感干旱指数在干旱发展过程和作物不同生长阶段的影响是不同的，本书利

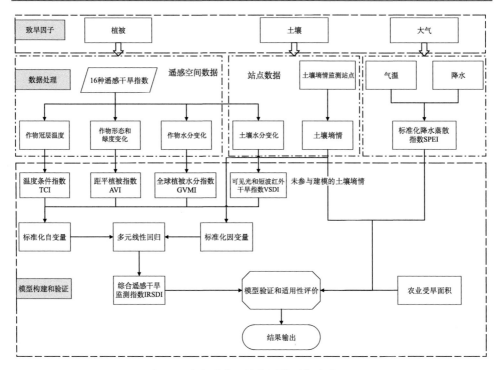

图 7-2　综合遥感干旱监测模型构建流程图

用多元线性回归方法建立月尺度的综合遥感干旱监测模型(IRSDI)，建模过程中同时考虑相关性系数、模型复杂性、拟合优度及均方误差，建立并选取合适的综合遥感干旱监测模型(表 7-2)，p 值均小于 0.01。为了进一步验证构建模型的可行性，利用未参与建模的 6 个土壤墒情数据、标准化降水蒸散指数(SPEI)和对应像元的综合遥感干旱监测模型进行相关性分析，同时利用淮河流域山东、河南、安徽和江苏四个省份的实际受旱面积、成灾面积与对应像元的综合遥感干旱监测模型进行适用性验证，最终输出空间分辨率为 500×500 的综合遥感干旱监测模型(IRSDI)的栅格结果。

表 7-2　综合遥感干旱监测模型

月份	综合遥感干旱指数	p 值
1 月	IRSDI=96.3+42.7×VSDI−21.7×AVI−1.6×TCI+28.8×GVMI	$1.6×10^{-10}$
2 月	IRSDI=101.7+58.8×VSDI−11.86×AVI+0.01×TCI+5.86×GVMI	$1.4×10^{-9}$
3 月	IRSDI=85.2+31.329×VSDI−20.8×AVI+9.5×TCI+9.286×GVMI	$1.8×10^{-8}$
4 月	IRSDI=57.73−22.63×VSDI−39.25×AVI+5.27×TCI+27.46×GVMI	$1.4×10^{-15}$
5 月	IRSDI=127.39+157.2×VSDI+22.94×AVI+1.02×TCI−58.93×GVMI	$3.6×10^{-8}$
6 月	IRSDI=75.404+9.795×VSDI+1.241×AVI+9.261×TCI−3.891×GVMI	$1.4×10^{-6}$

月份	综合遥感干旱指数	p 值
7 月	IRSDI=93.147+46.428×VSDI−1.335×AVI+9.102×TCI−5.467×GVMI	$1.3×10^{-16}$
8 月	IRSDI=106.14+85.66×VSDI+10.93×AVI+8.06×TCI−20.66×GVMI	$1.2×10^{-18}$
9 月	IRSDI=111.43+99.674×VSDI−31.776×AVI+6.245×TCI−25.943×GVMI	$6.1×10^{-7}$
10 月	IRSDI=104.256+84.915×VSDI+8.479×AVI+7.811×TCI−51.517×GVMI	$2.0×10^{-8}$
11 月	IRSDI=105.294+79.5756×VSDI−27.0585×AVI+0.3061×TCI+23.4115×GVMI	$1.1×10^{-7}$
12 月	IRSDI=111.886+110.76×VSDI−17.857×AVI+6.372×TCI+13.575×GVMI	$2.6×10^{-17}$

图 7-3 是综合遥感干旱监测模型(IRSDI)与参与建模的 22 个农业站点土壤墒情(SOIL)的拟合曲线,均通过了 $p<0.01$ 的显著性检验,能够很好地反映农业干旱。综合遥感干旱监测模型(IRSDI)是依据土壤墒情而建立的模型,因此 IRSDI 的数值含义和单位跟土壤墒情是一致的。IRSDI 数值越大,表示土壤湿度越湿润;IRSDI 数值越小,表示土壤湿度越小,也就越干旱。

7.1.3　淮河流域综合遥感干旱监测模型的适用性分析

1. 综合遥感干旱监测模型与土壤墒情、标准化降水蒸散指数相关性分析

农田土壤墒情的预测既是农田水分平衡及土壤-植物-大气连续体水分转化研究的重点,也是表征农业干旱最好的一种监测手段[19],Xu 等[8]与 Chen 和 Sun[20]的研究表明标准化降水蒸散指数(SPEI)适用于监测中国的气象干旱。为了验证综合遥感干旱监测模型在淮河流域的适用性,本书在淮河流域随机选择未参与建模的 6 个站点,站点均匀分布在淮河流域,对其土壤墒情数据、标准化降水蒸散指数与综合遥感干旱监测指数进行相关分析,结果显示均通过了 $p<0.01$ 的显著性检验。综合干旱指数干旱等级的划分见表 7-3。

2. 综合遥感干旱监测模型受旱面积与统计年鉴受灾、成灾面积相关分析

为了验证综合遥感干旱监测模型和农业产量的关系,从安徽、河南、山东和江苏四省的统计年鉴中统计出了 2001~2013 年淮河流域中四个省地级市的旱灾受灾和成灾面积,再根据综合遥感干旱监测模型统计出各省及全流域的受旱面积。利用综合遥感干旱监测模型统计出的受旱面积分别和统计年鉴的旱灾成灾面积、受灾面积进行相关性分析(图 7-4)。从结果可以看出所有相关性均通过了 $p<0.01$ 的显著性检验,R^2 均大于 0.3。综合遥感干旱监测模型统计出来的受旱面积和统计年鉴的成灾面积的相关性高于单一干旱指数与受灾面积的相关性,这表明综合遥感干旱监测模型能够很好地反映实际旱灾受灾面积,综合遥感干旱监测模型

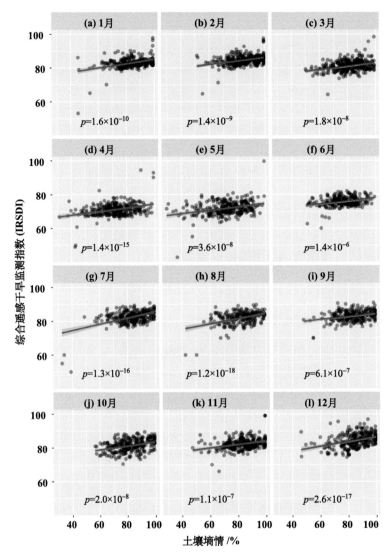

图 7-3 综合遥感干旱监测模型与建模站点 20cm 土壤墒情的散点图

与农业干旱成灾面积相关关系要高于受灾面积,这也表明了综合遥感干旱监测模型能够更好地监测旱灾成灾面积,也可以准确地对淮河流域的干旱情况进行客观的评价。

表 7-3　综合遥感干旱监测模型干旱等级划分

等级	综合遥感干旱指数范围	干旱程度
1	100>IRSDI≥60	湿润
2	60>IRSDI≥50	正常
3	50>IRSDI≥40	轻旱
4	40>IRSDI≥30	中旱
5	30>IRSDI≥0	重旱

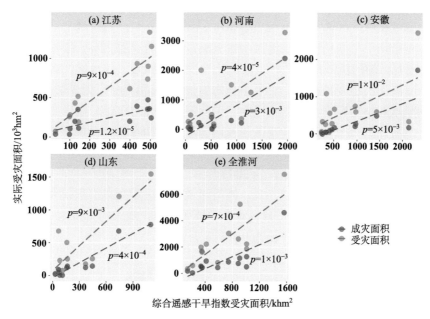

图 7-4　综合遥感干旱监测模型受灾面积与统计年鉴旱灾受灾面积、
成灾面积相关性示意图

7.1.4　基于综合干旱指数的淮河流域干旱时空特征研究

1. 淮河流域干旱统计特征

研究选用 2010 年淮河流域土地利用图(图 7-5),从中提取水田与旱地,两者面积之和作为淮河流域耕地面积,叠合淮河流域干旱面积图,最终得到淮河流域耕地干旱面积、水田干旱面积及旱地干旱面积信息。利用 2003～2013 年淮河流域各省干旱面积与淮河流域面积的比值,得到如图 7-6 所示的各省干旱面积占淮河流域总面积的比重。图 7-6 是基于综合遥感干旱监测模型像元计算的淮河流域和各省份的旱灾受灾面积占流域面积的比例变化趋势图，由图 7-6 可知：大范围干旱主要发生在 4~10 月，5 月、7 月、8 月、9 月受旱面积最大，平均受旱面积分别达 $8.1 \times 10^4 km^2$（5 月）、$5.8 \times 10^4 km^2$（7 月）、$6.6 \times 10^4 km^2$（8 月）和 $10.7 \times 10^4 km^2$（9 月），其中 9 月受旱面积最大。受旱面积最大的年份为 2003 年和 2011 年，平均受旱面积达 $6.8 \times 10^4 km^2$ 和 $5.2 \times 10^4 km^2$。历史资料表明，2003 年和 2011 年淮河流域均发生过大旱，进一步验证了综合遥感干旱监测模型适用于淮河流域的干旱监测。据统计，淮河流域多年平均干旱面积占淮河流域面积的比例达到 17%，从淮河流域的行政区划来看，淮河流域河南地区多年平均受旱面积占淮河流域河南地区面积的 20%，淮河流域安徽地区、山东地区和江苏地区多年平均受旱面积占淮河流域相应地区面积的 18%、17% 和 15%。另外，河南区域干旱面积占淮河流域多年平均干旱面积的比重最大，达 38%；其次是安徽 22%、江苏 21% 和山东19%。因此，淮河流域河南区域是淮河流域受灾面积最大的地区，河南、安徽部分是淮河流域的小麦种植区，对于小麦的生长来说，4~6 月为灌浆-成熟时期，该时期缺水对小麦粮食产量影响巨大，因此应该加强对这部分地区的干旱监测及预警。淮河流域山东、江苏、安徽和河南区域研究期内受旱面积变化与全淮河流域变化大致相同，江苏、安徽区域受旱面积最大的年份均为 2003 年和 2011 年，但山东区域受旱面积最大的年份为 2003 年和 2005 年，河南受旱面积最大的年份为 2003 年和 2010 年。从月份来看，淮河流域四个区域受旱面积较大的月份均为 5 月和 7~9 月，其中山东、安徽、河南区域受旱面积最大的月份为 9 月，5 月次之，而江苏受旱面积最大的月份为 9 月，8 月次之。

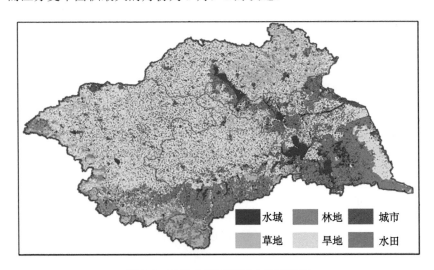

图 7-5　2010 年淮河流域土地利用图

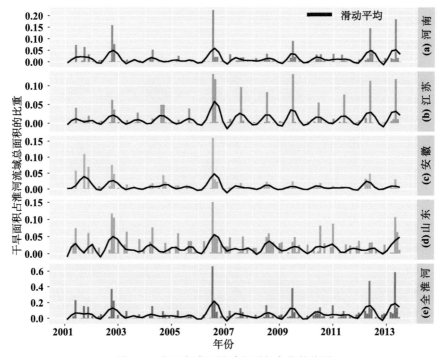

图 7-6　淮河流域干旱受灾面积变化趋势图

从图 7-7 可知，淮河流域水田与旱地的干旱变化趋势基本一致，同时也与分省的干旱变化趋势相同。其中 4~5 月、7~9 月受旱面积较大，受旱面积较大的年份均为 2003 年、2006 年和 2010 年。但是淮河流域的旱地受旱面积比重大于水田受旱面积比重，水田的干旱发生频率均低于 0.2，而旱田的干旱发生频率最高达0.8，干旱发生频率超过 0.2 的有 7 次之多。

2. 淮河流域干旱月尺度时空特征研究

图 7-8~图 7-10 是根据综合遥感干旱监测模型划分标准，基于遥感数据像元统计分析，得到的不同干旱等级月尺度的时空分布图。从月干旱频率来看，4~5月、7~9 月的受旱频率相对较高，这与大范围干旱发生的月份相似。其中，轻旱发生频率主要分布在淮河流域中部，在 4~5 月、7~9 月发生频率最大 (图 7-8)；中旱发生频率高的部分与轻旱相似，但是范围和频率都有所减少 (图 7-9)；重旱的发生频率主要集中在 4 月和 8~9 月 (图 7-10)，与轻旱发生频率较高的月份相似，但分布范围大体上随月份从中西部向中东部变化。而从淮河流域多年平均干旱频率及分布 (图 7-11) 来看，轻旱发生的频率明显高于中旱和重旱，最高值为 0.59，集中在河南、江苏部分地区、山东，中旱发生的区域主要在江苏西部和河南西北部，而淮河流域的重旱发生的频率明显低于轻旱和中旱，重旱平均发生频率仅为 0.03。

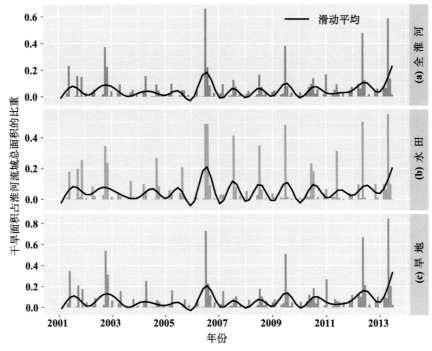

图 7-7 淮河流域耕地干旱面积变化趋势图

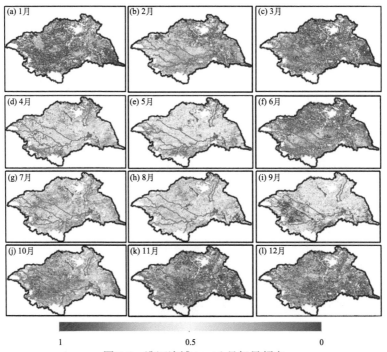

图 7-8 淮河流域 1～12 月轻旱频率

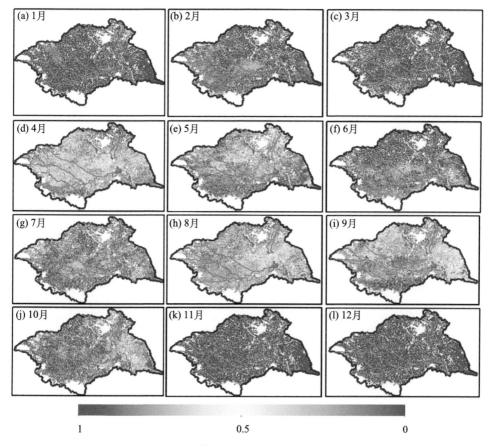

图 7-9 淮河流域 1~12 月中旱频率

3. 基于综合遥感干旱监测模型的淮河流域干旱时空特征分析

图 7-12 是在 90%的显著性水平下的 SEN 趋势度图。结合《淮河流域农作物旱涝灾害损失精细化评估》[21]和图 7-12,淮河流域的主要作物为冬小麦、夏玉米和一季稻。冬小麦的生长期是 10 月中旬到次年的 5 月下旬,由图 7-12 可知 11~12 月和 3~7 月以负值为主,3~5 月是冬小麦的生长关键期(拔节抽穗期),这个时段干旱的加剧对冬小麦的产量影响较大。从空间分布来看,3~7 月干旱的加剧主要集中在淮河流域的中西部,这也是前面淮河流域安徽与河南干旱面积比重较高的原因之一。对于夏玉米来说,生长期是 6~9 月,由图 7-12 可知 6~7 月淮河流域中部和东部有大范围趋势下降的区域,夏玉米生长关键期为 7 月中旬到 8 月,并且夏季温度较高,因此需要对夏玉米的生长关键期进行重点观测。水稻的生长期是 5 月上旬到 10 月,生长关键期为 7~8 月(拔节抽穗期),从图 7-12 可以看出

7 月和 9 月在淮河流域的水稻种植区 (南部和沿淮区域) 有下降趋势, 干旱的强度将加剧, 在水稻的需水关键期应重点监测沿淮地区。

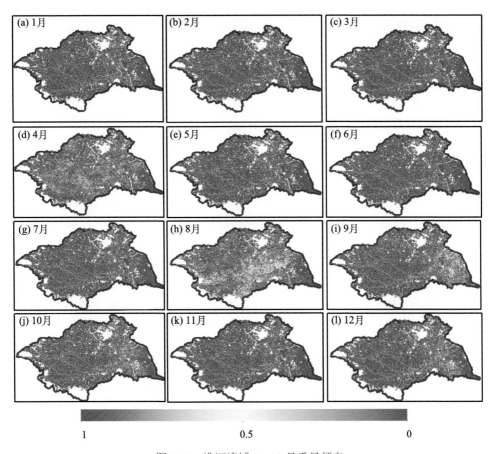

图 7-10　淮河流域 1～12 月重旱频率

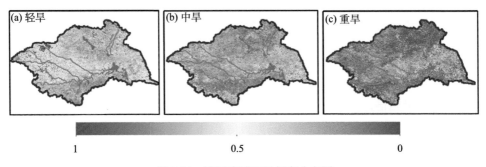

图 7-11　淮河流域干旱频率分布图

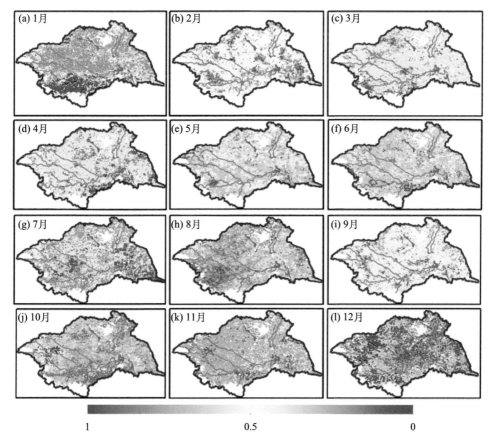

图 7-12　淮河流域 SEN 趋势度图

7.2　ENSO 影响下安徽省旱涝灾害及农业生产损失时空变化特征

ENSO 事件(El Niño Southern Oscillation)是赤道太平洋地区大范围海气相互作用后失去平衡的一种气候现象,对太平洋、印度洋及周围大陆等大范围地区气候变化、洪旱灾害等具有重要影响,是迄今为止人类所观测到的全球大气和海洋相互耦合的最强信号之一,是年际尺度最显著的气候信号之一[22, 23]。它的发生会在全球范围内引起严重气候异常,给世界许多地区造成严重的旱涝和低温冻害,给农业生产带来巨大损失,因而受到国内外学者和政府的普遍关注[24]。ENSO 通过大气环流以"遥相关"的形式间接地影响我国的气候,ENSO 被认为是影响东亚季风年际异常的关键因子[25]。近三十年来,国内外学者从 ENSO 动力学理论、

ENSO 预测方法、ENSO 的年代际变化特征、ENSO 的分类、ENSO 的指标、ENSO 的气候影响和 ENSO 的业务现状七个部分开展相关研究，取得了一系列显著性成果[24]。Zhang 等[26]和叶正伟等[27]研究揭示在 El Niño（La Niña）年，减弱的东亚夏季风使我国夏季主要季风雨带偏南，导致江淮流域多雨的可能性较大；而王绍武和龚道溢[28]、宗海锋等[29]、刘永强和丁一汇[30]揭示在 ENSO 年北方地区特别是我国华北到河套一带常出现少雨和干旱；许武成等[31]、Chen 等[32]研究认为，在 El Niño 年东亚冬季风偏弱，我国常出现暖冬冷夏，特别是我国东北地区由于夏季温度偏低，出现低温冷害的可能性较大；杨亚力等[33]研究 ENSO 事件对云南春末初夏降水异常的影响与其对华南和江淮流域降水影响有明显的不同，El Niño（La Niña）年云南大部分地区 4～5 月降水偏少（多），东部地区相关信号尤其明显。总之，ENSO 通过影响东亚季风环流和太平洋副热带高压，对中国从沿海到内陆、从南到北的气候产生不同程度的影响，对我国不同区域影响的程度、方式和结果均有较大差异[34-36]。安徽省作为中国重要的商品粮产地，是全国重要的粮食主产省和商品粮调出省。安徽省地处长江、淮河中下游地区，为东亚季风湿润区与半湿润区的气候过渡区域，是南北气候、高低纬度和海陆相三种过渡带的重叠地区，天气系统复杂多变，形成了区域"无降水旱、有降水涝、强降水洪"的典型区域旱涝特征，由此引发的气象灾害对当地的生产、生活产生较大影响[37]。因此，开展 ENSO 影响下的安徽省旱涝灾害时空分布及对农业生产的影响研究具有重要意义。目前针对 ENSO 对安徽省气候变化（降水、气温）相关影响的研究较多[38-40]，而 ENSO 对于安徽省旱涝灾害的影响及滞后性研究较少，特别是其旱涝究竟对 ENSO 事件有何响应，对于 ENSO 事件引起气温、降水异常导致的农业气象灾害研究较少，因此，本节选择 1961～2014 年安徽省及周边 25 个气象站点数据、ENSO 数据和农业数据，分析安徽省近 60 年的旱涝和粮食灾损率时空变化特征及其与 ENSO 的关系，揭示 ENSO 事件对安徽省旱涝灾害分布和农业生产的影响。

7.2.1　研究方法

1. 标准化降水蒸散指数（SPEI）

为了加深对气温变化对用水需求影响的了解，Vicente-Serrano 等[2]提出了 SPEI 指标来研究旱涝。SPEI 被设计成同时考虑降水（P）和潜在蒸散发（PET）的影响以监测干旱过程，其中潜在蒸散发指的是在水足够多的情况下所能产生的蒸发和蒸腾总量，采用 Penman-Monteith 公式计算。SPEI 按照表 7-4 标准进行干旱等级划分。

表 7-4　SPEI 干旱等级划分

等级	类型	SPEI 值
1	重度洪涝	$2.0 \leqslant SPEI$
2	中度洪涝	$1.0 \leqslant SPEI < 2.0$
3	轻度洪涝	$0.5 \leqslant SPEI < 1.0$
4	正常	$-0.5 < SPEI < 0.5$
5	轻度干旱	$-1.0 < SPEI \leqslant -0.5$
6	中度干旱	$-2.0 < SPEI \leqslant -1.0$
7	重度干旱	$SPEI \leqslant -2.0$

2. M-K 趋势检验

本书采用非参数 Mann-Kendall 趋势检验法(M-K 法)来研究标准降水指数的趋势变化情况[41]。M-K 法广泛应用于检验水文气象资料的趋势成分,是世界气象组织推荐的应用于时间序列分析的方法。国内外许多文献研究了时间序列的自相关性对 M-K 检验结果的影响[42,43]。Kulkarni 和 Stroch [44]建议在进行 M-K 检验之前对时间序列进行"预白化"(prewhiten)处理。利用 Pearson 相关系数法计算各站点旱涝受灾程度与 ENSO 事件的相关性系数并进行显著性检验。

3. 粮食减产率

农作物最终产量受各种自然因素和人类活动因素的综合影响,相互关系复杂,难量化。根据环境因素的偶然性、人类活动因素的渐进性和相对稳定性的特点,可以认为产量由趋势项和波动项构成,并可通过统计学方法将其分离。其中,趋势项反映了生产技术水平的提高;而波动项则主要是由于气候变化造成的。ENSO 年引起研究区域气候异常,使影响农作物生产的气候要素发生变化,导致农作物产量受到影响,因此,减产率能够较好地反映 ENSO 对农业生产的影响。根据前人的研究结果,将农作物产量分解为趋势产量、气象产量和随机产量三部分[45],表达为

$$y = y_t + y_w + \Delta y \tag{7-2}$$

式中,y 为粮食实际产量;y_t 为粮食趋势产量;y_w 为气候变化导致的粮食产量变化项;Δy 为粮食产量的随机分量,单位均为 kg/hm^2,计算中一般假定 Δy 可忽略不计。利用安徽省各地市 1989~2009 年粮食产量资料进行分析,对趋势产量进行三次多项式模拟,计算各地市 1989~2009 年的趋势产量。安徽省各地市 88%的县市的粮食产量曲线通过了 95%显著性检验。冬小麦和水稻减产率是采用逐年的实际产量和趋势产量的差值与趋势产量的比值表示,计算公式为

$$y_d = \frac{y - y_t}{y_t} \times 100\% \tag{7-3}$$

式中，y_d 为粮食减产率（%）；y 为粮食实际产量（kg/hm^2）；y_t 为粮食趋势产量（kg/hm^2）。

4. ENSO 年及强度划定

有关 ENSO 事件的定义和强度的划分标准略有不同[28]，本书表征 ENSO 事件的指标主要参考美国国家海洋和大气管理局的指标体系，采用 Niño3.4 海区海表温度距平（SSTA）及南方涛动指数（SOI）。以海表温度距平值持续 6 个月以上 ±0.5℃定义为 1 次 ENSO 事件。根据 SSTA 值高低将 ENSO 事件划分为强（±3）、中（±2）、弱（±1）及正常（0）等级。据此可知，在 1960～2014 年共发生 26 次 ENSO 事件，其中 El Niño 年共 14 次，La Niña 年共 12 次。对 ENSO 事件进行强度统计，得出在此时段内中等及以上强度的 ENSO 事件共计 17 次，占总数的 65%。从持续时间来看，ENSO 事件的强度与持续时间长短并无明显的相关关系（表 7-5）。由表 7-5 中 1961～2014 年发生的 ENSO 事件年际变化来看，ENSO 暖事件（El Niño）与 ENSO 冷事件（La Niña）往往交替发生，在 20 世纪 70 年代和 80 年代发生强 ENSO 事件次数最多，达 6 次，占统计年强 ENSO 事件的 55%。强 El Niño 事件与强 La Niña 事件相继发生总共有两次，一次是 1972 年的强 El Niño 事件后，紧接着发生 1973～1974 年的强 La Niña 事件；另一次是 1997 年的强 El Niño 事件后，紧接着发生 1998～2000 年的强 La Niña 事件。

表 7-5　1961～2014 年 ENSO 年统计

El Niño 年	1963	1965	1969	1972	1976	1982～1983	1986～1987	1991	1994	1997	2002	2004	2006	2009
持续月数	9	12	17	11	6	14	7	13	7	12	10	19	20	10
事件强度	强	中	弱	强	弱	强	强	中	中	强	弱	弱	弱	强

La Niña 年	1962	1964	1970～1971	1973～1974	1975	1985	1988	1995	1998～2000	2007	2010	2011		
持续月数	8	11	19	15	7	12	12	7	21	11	10	8		
事件强度	弱	弱	中	强	强	弱	强	弱	强	强	中	中		

为了进一步探讨 ENSO 事件下安徽省旱涝灾害是否频发,本书统计了 1961~2014 年和 ENSO 事件年的月 SPEI 的中度以上旱涝统计值,计算得到 ENSO 事件年中度以上旱涝次数占 1961~2014 年中度以上旱涝总次数比值(表 7-6)。洪涝发生在 ENSO 事件年的比重大于干旱发生在 ENSO 事件年的比重,安徽大部分地区50%以上的洪涝均发生在 ENSO 年,而安徽大部分地区在 ENSO 年发生的干旱也超过 40%。另外,统计安徽受灾面积在 50 万 hm² 以上的年份,结合唐晓春和袁中友[46]对灾害等级的划分,1961~2014 年安徽省共发生中度以上干旱 28 次,19次与 ENSO 事件有关,占中度以上干旱总次数的 68%,其中 El Niño 当年共 5 次,El Niño 衰退年及 La Niña 年共 14 次,发生中度以上洪涝共计 23 次,19 次与 ENSO年有关,占中度以上洪涝总次数的 83%,El Niño 当年 10 次,El Niño 衰退年及La Niña 年 9 次。因此,与 ENSO 事件有关的年份安徽省旱涝发生频率高,且干旱受 El Niño 次年及 La Niña 年影响大,洪涝受 El Niño 当年影响更大。

表 7-6　中度以上旱涝 ENSO 事件年占 1961~2014 年总次数比值

项目		砀山	亳州	宿州	阜阳	固始	寿县	蚌埠	滁州	六安	霍山	合肥	巢湖	安庆	宁国	黄山	屯溪
洪涝	次数比值	64	66	64	55	58	61	65	57	61	55	54	61	55	48	51	62
		0.57	0.61	0.55	0.53	0.52	0.54	0.54	0.52	0.54	0.52	0.47	0.54	0.52	0.44	0.47	0.56
干旱	次数比值	50	53	51	51	66	56	50	56	71	61	58	44	57	59	64	50
		0.47	0.46	0.46	0.43	0.55	0.51	0.45	0.50	0.52	0.51	0.51	0.42	0.47	0.52	0.52	0.47

7.2.2　安徽省旱涝灾害时空特征

本书拟采用标准化降水蒸散指数(SPEI),与常用的 PDSI 比较,其计算更为方便,对资料的需求更低,适用性更广;而与 SPI 比较,SPEI 考虑了温度所带来的蒸散发对干旱的影响,对于气温变化明显的地区,其结果更加切合实际[47]。SPEI在江淮流域旱涝灾害的适用性得到很好验证,SPEI3 指数对干旱发展的渐进性及旱涝区域(尤其是旱情发展较严重的区域)表现较为良好[48],因此本书选择 3 个月尺度的 SPEI3 来表征安徽省的旱涝时空变化。

1. 旱涝灾害季节变化特征

利用 3 个月尺度的 SPEI 能够较好地反映旱涝季节变化特征。图 7-13 给出了

基于 SPEI 的近 60 年的安徽省四季旱涝变化趋势。从图 7-13 中可知，春季、秋季
SPEI 波动幅度大于夏季和冬季，在 1961～1977 年和 1986～1993 年春季 SPEI3 指
数呈增加趋势，即湿润化趋势增加；其他时段呈干旱化趋势，特别是 1997 年后，
SPEI3 值由正值转为负值，趋于干旱化[图 7-13 (a)]。20 世纪 70 年代之前，安徽
省夏季呈干旱化状态，其他时段夏季旱涝趋势在不同年代未发生明显波动，处于
偏湿润的状态。安徽省秋季在近 60 年来呈现涝-旱-涝-旱-涝的过程，旱涝不断转
变，在 1993～2006 年，安徽省秋季处于较长的干旱状态[图 7-13 (c)]。相反的，
安徽省冬季 SPEI3 值呈增加趋势，尤其是在 20 世纪 90 年代，除 1998 年和 2011
年 SPEI3 值小于–1 以外，多数年份 SPEI3 值均大于 0.5，表明安徽省冬季处于较
为明显的湿润状态，但是进入 21 世纪 10 年代，有趋向于干旱化的趋势。

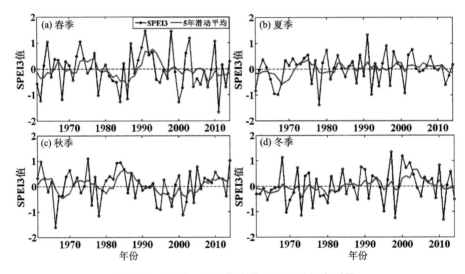

图 7-13　1961～2014 年安徽 SPEI3 时间序列图

2. 旱涝灾害月尺度时空特征

图 7-14 是 1961～2014 年安徽省 1～12 月的 SPEI3 指数的 M-K 趋势图。从
图 7-14 中可得，1961～2014 年安徽省各月旱涝变化趋势及空间格局具有明显差
异，各月有干旱化和湿润化趋势，但是趋势变化不显著。在春季（3～5 月），安徽
大部分地区均有变湿趋势，其中蚌埠、巢湖、安庆地区通过了 0.05 显著性检验，
表明湿润化程度增加。4 月整个安徽省出现变干趋势，以江淮及皖北地区的变干
趋势最明显。5 月梅雨季节来临之前，全省呈现变干趋势的地区进一步扩大，干
旱程度进一步加剧，仅有皖东北地区的淮北、滁州呈现变湿趋势。在夏季（6～8 月），

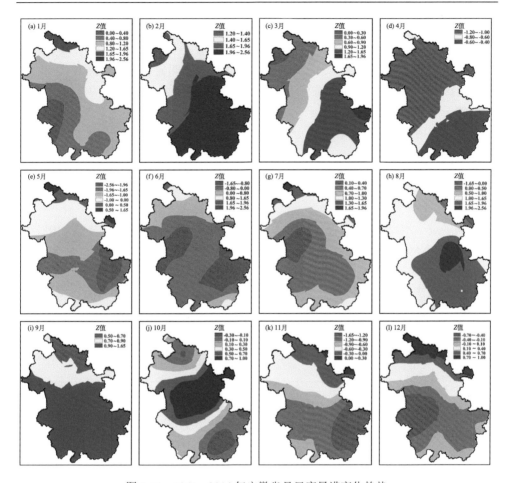

图 7-14　1961~2014 年安徽省月尺度旱涝变化趋势

6 月尽管江淮地区进入梅雨季节，但是 6 月安徽全省大部分地区出现干旱化趋势，仅仅皖北地区和皖南南部地区呈现湿润趋势。7 月全省大部分地区呈现湿润化趋势，但是湿润化趋势不显著。8 月绝大部分地区呈现湿润化趋势，皖南地区如马鞍山、巢湖、芜湖均通过 0.05 显著性检验，湿润化趋势显著；而皖东北地区由 6~7 月的湿润趋势转为干旱趋势。在秋季(9~11 月)，9 月旱涝分布与 8 月类似，全省均呈现湿润化趋势，皖南地区湿润化趋势优于皖北地区；10 月由江淮地区向皖北、皖南方向呈干旱化趋势，黄山市和宿州市的干旱化趋势最为明显；11 月全省由皖南和皖北干旱化趋势演变为全省的干旱化趋势，皖东南的宣城地区干旱化趋势最为明显。在冬季(12 月~次年 2 月)，12 月安徽省总体呈现北湿南干的空间分布特征，皖北地区均呈现湿润化趋势，而除了皖西南局部地区，整个江淮地区及皖南均呈现干旱化趋势；1 月安徽省绝大部分地区均呈现湿润化趋势，均未通过

0.05 显著性检验；2 月安徽全省湿润化趋势变化显著，其中江淮地区和皖南地区的湿润化趋势通过 0.05 显著性检验，变化趋势显著。总体上，4~6 月安徽省大部分地区呈干旱化趋势，皖南地区趋势变化较皖北地区明显；1~3 月和 7~9 月大部分地区呈湿润化趋势，同样皖南地区趋势变化较皖北地区明显；10~12 月皖北地区趋于湿润，而皖南地区趋于干旱。与皖北地区相比较，皖南地区各月趋势变化大，即皖南地区的降水在各月分布极端不均匀。

7.2.3 ENSO 影响下安徽省旱涝时空特征

1. 安徽 SPEI3 与 SSTA 的相关性分析

为了进一步反映 ENSO 对安徽省区域内部差异的影响，利用 1961~2014 年所有发生 ENSO 事件的月份的 Niño3.4 海区海表温度距平（SSTA）与同时段安徽及周边 24 个气象站点的逐月 SPEI3（定义为旱涝指数）做相关性分析（图 7-15）。在整个 ENSO 发生时段内，海表温度距平（SSTA）与同期安徽省旱涝指数的相关系数均为正值，两者存在正相关。从图 7-15（a）看出，SSTA 与安徽省旱涝指数相关系数较大的地区主要位于皖南和皖北中部，特别是长江以南的区域相关性最大，表明该区域的旱涝指数与 SSTA 直接相关。前人研究表明，ENSO 事件对东南亚及太

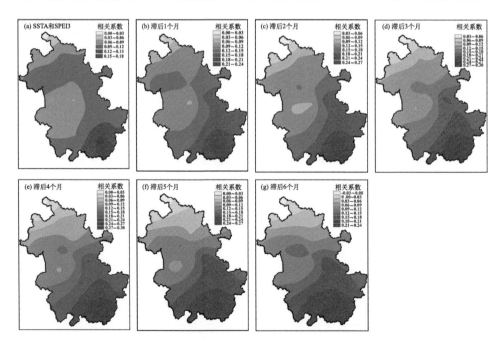

图 7-15　1961~2014 年 ENSO 事件 SSTA 与 SPEI3 相关系数空间分布

平洋地区的影响存在数月至数年的滞后,气候异常并非与赤道东太平洋地区海温异常完全同步。因为随着滞后时间的增加,相关系数均呈显著性相关,因此本书只列出了图 7-15。图 7-15(b)～图 7-15(g)分别是各站点滞后 1 个月～6 个月的旱涝指数与 SSTA 的相关性分析。由图可知,随着滞后性月份的增加,安徽省各区域的旱涝指数与 SSTA 的相关系数逐渐增大,而且相关关系强度由南往北递减,说明皖南地区与 SSTA 的相关性大于皖北地区。区域旱涝指数与 SSTA 在滞后 3 个月时,安徽省各区域的旱涝指数与 SSTA 的相关性最强,表明 SSTA 对未来 3 个月皖南旱涝有明显的影响。

2. 安徽 SPEI3 与 SOI 的相关性分析

SOI 是表征 ENSO 事件的传统指标,是目前监测 ENSO 的常规指数。本节 SOI 取自塔希提岛与澳大利亚的达尔文站的海平面气压差。图 7-16 是 SOI 与安徽省 25 个气象站点的逐月 SPEI3 旱涝指数相关性分析,因为 SOI 与 SSTA 呈负相关关系,因此安徽省旱涝指数与 SOI 的相关关系为负相关。皖北地区和皖东地区的 SOI 与 SPEI3 同时段的相关关系大于皖南地区[图 7-16(a)],随着滞后月份的增加,安徽省旱涝指数与 SOI 相关关系大的区域由皖西北向皖东北转移。滞后 4 个月的安徽省旱涝指数与 SOI 相关关系整体达到最大,最大的区域分布于长江以南,

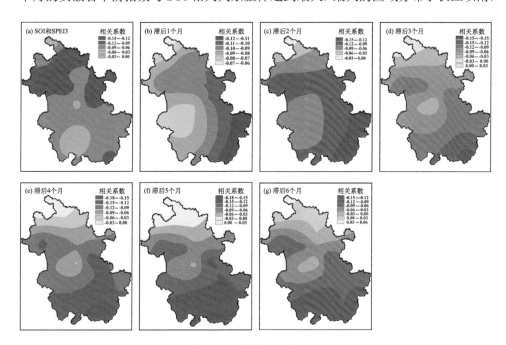

图 7-16　1961～2014 年 ENSO 事件 SOI 与 SPEI3 相关系数空间分布

该区域与 SSTA 的相关关系也最大。其次，大别山区和巢湖流域旱涝指数与 SOI 相关关系较大。

7.2.4　安徽省 SPEI3 与典型 ENSO 时间年的相关性分析

　　将 ENSO 暖事件 El Niño 及 ENSO 冷事件 La Niña 的 SSTA 与旱涝指数的相关性分析结果进行分析并对比。在发生 El Niño 事件时，SSTA 与旱涝指数相关性系数较大的地区主要位于皖南，相关系数达 0.32，通过 0.01 显著性检验。在发生 La Niña 事件时，皖北地区 SSTA 与旱涝相关性系数较大，皖北地区砀山、亳州、蚌埠相关系数最大达 0.27，通过 0.01 显著性检验。安徽省各地区的旱涝指数与 SSTA 的相关关系在 ENSO 冷暖事件中表现不一样，ENSO 暖事件对皖南地区影响更为显著，而 ENSO 冷事件对皖北地区影响更为显著。

　　为了进一步揭示安徽省旱涝指数与 ENSO 的相关性，本书选取表 7-5 中典型 ENSO 年的 SSTA、SOI 与相应典型 ENSO 年的 SPEI3 旱涝指数进行相关性分析（图 7-17 和图 7-18），以揭示安徽省旱涝与典型年的相关性。由图 7-17 可知，安徽省旱涝指数与同时段典型年 SSTA 的相关关系大的区域是皖南地区，随着滞后月份的增加，相关关系较大的区域由皖南地区向巢湖流域推移，旱涝指数与典型 ENSO 年的 SSTA 相关关系在滞后 3 个月达到最大 [图 7-17(c)]，这说明典型 ENSO 事件发生后，对安徽省皖南和巢湖流域未来 3 个月的旱涝指数产生影响，而皖北地区旱涝指数对 ENSO 的响应不灵敏。

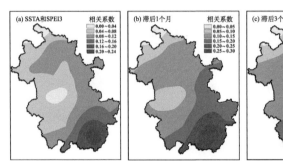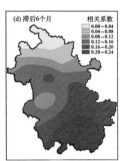

图 7-17　1961～2014 年典型 ENSO 事件 SSTA 与 SPEI3 相关系数空间分布

　　图 7-18 显示安徽省旱涝指数与同时段典型年 SOI 的相关关系呈负相关，相关关系大的区域是皖北地区[图 7-18(a)]，说明 SOI 表明的典型 ENSO 事件发生后，对同时段皖北地区的旱涝指数产生影响。随着滞后月份的增加，相关关系大的区域由皖北地区向皖南地区转移，在滞后 3 个月时，旱涝指数与典型 ENSO 年的 SOI 相关关系最大[图 7-18(c)]，这说明典型 ENSO 事件发生后，对安徽省皖南未来 3 个月的旱涝指数产生了影响。皖西南地区随着滞后月份的增加，相关关系也逐渐增大，在滞后 6 个月相关关系达到最大，说明典型 ENSO 事件发生后，对安徽省

皖西南未来 6 个月的旱涝指数产生了影响。

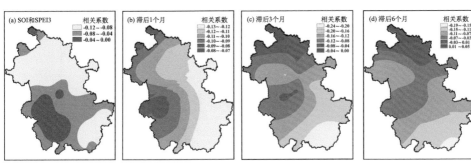

图 7-18　1961～2014 年典型 ENSO 事件 SOI 与 SPEI3 相关系数空间分布

7.2.5　安徽省小麦和稻谷灾损率时空分布研究

　　安徽省主要粮食作物小麦的主产区主要分布在皖北地区，稻谷主产区分布在皖南地区。基于式(7-2)和式(7-3)得到安徽省小麦和稻谷的灾损率时空分布图(图 7-19)，柱状图正值代表产量增加，负值表示产量减少。由图 7-19(a)可知：从受灾年份和程度来看，1991 年、1997 年、1998 年、1999 年和 2003 年小麦灾损率最大，特别是江淮地区和皖南地区在上述年份小麦灾损率分别达到了-0.446、-0.241、-0.261、-0.225 和-0.237，其中 1991 年小麦灾损率达到最大。1991 年安徽省有 4 个地级市小麦受灾率在 50%以上，11 个地级市受灾情况在 10%以上。据统计，1991 年洪水造成安徽全省受灾人口达 4800 多万人，占全省总人口近 70%，因灾死亡 267 人，农作物受灾面积 4.3 万 km²，各项直接经济损失近 70 亿元人民币。其次在 1998 年安徽省有 12 个地级市受灾率在 10%以上。在上述小麦灾损率较大的年份中，1991 年、1998 年和 2003 年均发生大洪水，在该年份或者前一年均发生中度以上 ENSO 事件,说明中度以上 ENSO 事件会引起全省小麦灾损率高。2004～2009 年全省小麦灾损率明显降低，全省平均小麦灾损率在 1%左右，而1989～2003 年小麦灾损率在 8%以上。从受灾区域来看，1989～2009 年小麦因灾减产在 13 次以上的区域主要分布在江淮地区和皖南地区，分别是铜陵、合肥、马鞍山、宣城和安庆。皖南地区和江淮部分地区在 1989～2009 年的 21 年中小麦减产平均达 12 年，但是小麦灾损率在 10%以上年份平均仅为 3 年，说明皖南地区小麦减产发生年份较多，小麦减产率较小。皖北地区和江淮地区灾损率发生年份仅为 10 年，但是皖北地区和江淮地区小麦灾损率在 10%以上的年份平均有 5 年，其中合肥发生年份 7 年是最多的，其次是六安的 6 年，说明皖北地区和江淮地区的小麦减产发生次数较少，小麦减产率较大。

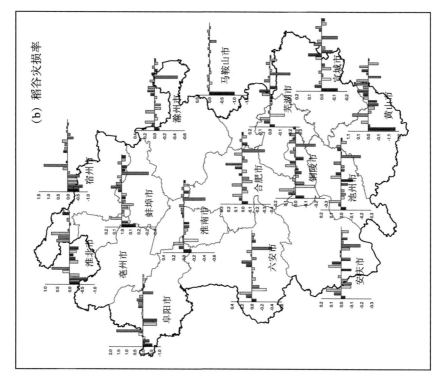

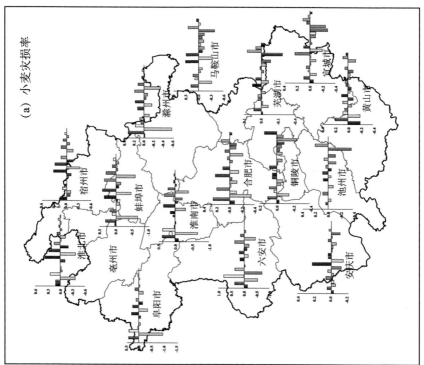

图 7-19 1989~2009 年安徽小麦和稻谷灾损率时空分布图

安徽省稻谷灾损率小于小麦的灾损率[图 7-19(b)]。从受灾年份来看,全省 16 个地市在 1989 年、1992 年、1995~1997 年、2004 年和 2008~2009 年有 10 个地市以上的稻谷减产,其中 1989 年全省稻谷全部减产,2004 年和 2008 年全省有 15 个地市减产。从受灾程度上来看,2004 年和 1989 年水稻灾损率最大,分别是–0.299 和–0.218,其次是 1992 年的–0.162。尽管 2008 年受灾面积大,但是稻谷的灾损率仅为–0.052,远低于其他年份。由表 7-5 中 ENSO 事件年可以看出,导致全省水稻减产的上述年份在发生年或者前一年均发生 ENSO 事件,比如 1988 年强 La Niña 事件导致 1989 年全省稻谷减产,2007 年强 La Niña 事件导致 2008 年全省 15 个地市稻谷减产,说明 ENSO 事件发生时,会导致全省大范围的稻谷减产。从受灾区域来看,21 年中受灾次数较多的市有六安、合肥、蚌埠、芜湖和淮南。蚌埠地区受灾次数最多,达 14 次。稻谷减产率在 10% 以上的地区主要分布在淮北市(32%)、阜阳市(35%)、马鞍山市(19%)、淮南市(12%)和滁州市(10%),淮北市和阜阳市不属于主产区,但是马鞍山、淮南和滁州地区属于稻谷主产区。

7.2.6　讨论

从有效灌溉面积比[图 7-20(a)、图 7-20(d)]来看,皖北地区有效灌溉面积比低,在 0.40~0.52。皖北地区抗旱能力弱,皖北地区(如淮北、蚌埠、宿州地区)稻谷的灾损率严重。随着年份的增长,淮北市的有效灌溉比面积有明显的提升,上升到 0.70~0.83,说明淮北市灌溉条件逐渐提高,所以在 2008 年(ENSO 强度高)农作物未受灾损。从防洪耕地面积比[图 7-20(b)、图 7-20(e)]来看,滁州、皖西地区(如六安、安庆)是低值区,防洪能力弱,安庆市为小麦灾损范围广的地区,六安市是灾损率高的地区。皖南地区(如宣城、芜湖、铜陵)的防洪能力远高于皖北地区。从机械排灌面积比[图 7-20(c)、图 7-20(f)]来看,低值区主要有宣城、黄山、安庆、宿州地区,巢湖和马鞍山排灌较高。图 7-19(a)显示皖北地区和江淮地区的小麦减产发生次数较少,小麦减产率较大,而皖南地区小麦减产发生年份较多,小麦减产率较小。冬小麦产量损失与干旱发生时段密切相关,发生在 4~5 月的干旱减产最重,持续时间越长,损失越重,尤以冬春连旱对产量影响最大[37]。皖北地区主要以冬小麦为主,在 4~6 月安徽全省呈干旱化趋势,特别是 4 月皖北地区干旱化趋势大于皖南地区,导致皖北地区小麦灾损率较高。安徽省水稻主要种植区集中在沿淮淮北、江淮之间和沿江江南 3 个区域,研究表明旱灾对安徽省稻谷灾损率的影响相对较小,而涝灾造成的一季稻减产损失明显大于旱灾,发生在生长关键期的旱涝灾害对产量的影响大于其他时段[37]。安徽省稻谷生长时间在 4~7 月和 7~11 月,4~7 月以干旱化趋势为主,发生涝灾概率低,稻谷灾损率主要受到干旱威胁;7~11 月安徽省以湿润化趋势为主,而且水稻主要种植区内湿润化趋势显著，稻谷灾损率主要受涝灾威胁。

　　图 7-20 是 1997 年和 2007 年有效灌溉面积比、防洪耕地比和机械排灌面积比（简称为减灾指标）分布图，这三个减灾指标能较好地反映人类活动的抗灾减灾能力，皖北地区和皖南的有效灌溉面积比、防洪耕地面积比和机械排灌面积比远低于江淮地区。通过 1997 年和 2007 年的对比分析，发现合肥、六安、马鞍山和滁州的部分县市的有效灌溉面积比、防洪耕地面积比和机械排灌面积比均减小了，这大大降低了区域的抗灾减灾能力，也造成了该区域的小麦和稻谷减产。皖南地区和江淮地区的有效灌溉面积比、防洪耕地面积比远高于皖北地区，而皖南和江淮地区是稻谷的主产区，这也导致稻谷灾损率远低于小麦的灾损率。整体上，安徽全省大部分地区的有效灌溉面积比、防洪耕地面积比和机械排灌面积比呈增加趋势，导致 2003 年以后全省小麦灾损率明显降低。

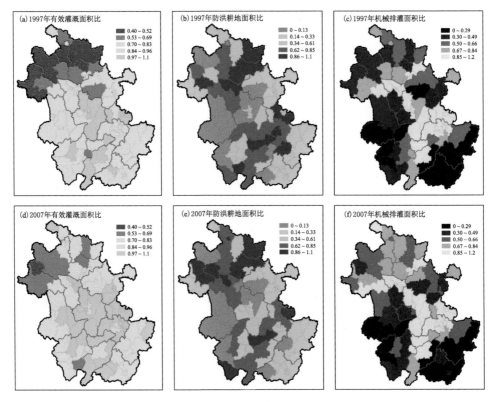

图 7-20　1997 年和 2007 年安徽省有效灌溉面积比、
防洪耕地比和机械排灌面积比分布图

7.3　基于机器学习算法的安徽省农业旱灾风险动态评估

7.3.1　研究方法与数据

1. 数据来源

研究使用的数据主要包括：①气象站点数据，1960～2016 年安徽省及周围（50km）区域 139 个气象站点逐日降水、日平均气温、日最高气温、日最低气温、逐日日照时数、逐日相对湿度、逐日风速等资料，数据来源于中国气象局，站点分布见图 7-21；②统计年鉴数据，2002～2017 年安徽省统计年鉴数据，包括农村居民纯收入、单位粮食产量、人口密度、有效灌溉面积、农作物播种面积、单位化肥施用量等。

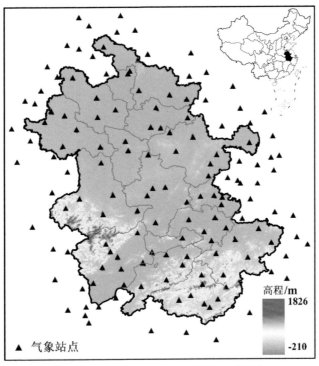

图 7-21　安徽省及周围区域气象站点分布

2. 研究方法

1) 农业旱灾危险性研究方法

干旱指数用来表示干旱发生的风险和严重程度。旱灾致灾因子的危险性主要反映在降水和气温的异常上，可以用干旱指数来表达旱灾危险性。常用的干旱指数有 PDSI、SPI 和 SPEI，SPEI 与 PDSI 相比，其计算更简单，对资料的需求更低，适用性更广；与 SPI 相比，SPEI 考虑了温度、蒸散发等其他因素对干旱的影响，其结果更加切合实际[2,47,49,50]。因此，本书对于干旱危险性采用 SPEI 指数进行分析。

使用干旱频率表示旱灾危险性，公式为

$$H = \frac{m}{M} \tag{7-4}$$

式中，m 为发生干旱(SPEI<-0.5)的月数；M 为研究期总月数。

2)农业旱灾脆弱性研究方法

(1)评价指标体系的建立。

按照影响旱灾脆弱性的因素和指标体系选取的原则，参考相关文献[51-57]，本书共选取 16 个指标变量，如表 7-7 所示。

表 7-7　安徽省旱灾脆弱性评价指标体系

指标	与旱灾脆弱性的关系	指标	与旱灾脆弱性的关系
单位粮食产量	+	农村居民纯收入	—
人口密度	+	有效灌溉面积	—
人均粮食产量	+	15～64 岁人口比重	—
第一产业比重	+	单位化肥施用量	—
农业人口比重	+	人均 GDP	—
复种指数	+	单位农业机械动力	—
农作物播种面积	+	人均水资源量	—
森林覆盖率	—	大专及以上人口比重	—

(2)评价指标权重的确定。

在旱灾脆弱性研究中，指标权重的确定是一个关键环节，对旱灾脆弱性研究的结果起着重要作用。目前，国内外指标权重评价方法有数十种之多，可以分为两类：一类是主观赋权，如专家打分法、层次分析法、二项系数法等；另一类是客观赋权，如变异系数法、熵值法、主成分分析法等。考虑到主观赋权无法避免人为因素所带来的影响，而客观赋权能通过指标初始信息确定权重，避免了人的主观影响，本书采用客观赋权，使用随机森林的方法来确定指标权重。随机森林是由 Breiman[58]首先提出的一种基于树分类器的分类算法，主要利用 Bootstrap 重抽样方法从原始数据中抽取多个样本，并对每个 Bootstrap 样本进行分类树构建，然后对所有分类树的预测进行组合并通过投票方式得出最终结果。随机森林具有很多优点，如拥有极强的数据挖掘能力，不会过度拟合，同时可进行特征基因的选择，具有很好的抗噪能力，性能稳定，可获取变量重要性，实现比较简单，甚至被誉为当前最好的算法之一[59,60]。本书使用随机森林的指标重要性评估功能，以受灾率为 Y 值，脆弱性指标为 X 值，得到各指标重要性评分。

3) 旱灾脆弱性的综合评价方法

本书使用综合加权评分法来确定旱灾脆弱性的综合评价值。综合加权评分法是根据各项试验指标的重要性，确定出多指标试验结果所占的权重，再将多指标的试验结果转化为单指标的试验结果——综合加权评分值，然后按单指标分析方法选出最优方案的一种方法[61]。

具体计算公式如下：

$$V = \sum Y_i \times w_i \tag{7-5}$$

式中，V 为旱灾脆弱性的综合评价值；w_i 为第 i 个指标的权重值；Y_i 为第 i 个指标数据标准化处理后的数值。脆弱性 V 越大，表示其越容易受到干旱影响，容易发生旱灾。

4) 农业旱灾综合风险评估方法

本书的农业旱灾风险分别考虑了致灾因子的危险性和孕灾环境与承载体的脆弱性，为定量化表达农业旱灾综合风险，构建了安徽省农业旱灾风险评估模型：

$$R = H \times V \tag{7-6}$$

式中，R 表示农业旱灾综合风险评价值；H 为农业旱灾危险性评价值；V 为农业旱灾脆弱性的综合评价值。

5) 农业旱灾风险评估等级划分

为确定安徽省农业旱灾风险的等级特征，分别以旱灾危险性评价值 H、农业旱灾脆弱性的综合评价值 V、农业旱灾分析综合评价值 R 为依据，使用聚类分析，得到系统聚类图。为直观体现空间上的区域差异性，使用 Natural Breaks 方法进行等级划分，分级结果如表 7-8 所示。

表 7-8　2001～2016 年安徽省农业旱灾风险评估分级标准

等级	微	低	中	高	强
农业旱灾危险性评价值	0～0.137	0.138～0.308	0.309～0.491	0.492～0.655	0.656～1
农业旱灾脆弱性评价值	0.390～0.539	0.540～0.593	0.594～0.637	0.638～0.700	0.701～0.748
农业旱灾综合风险评价值	0～0.103	0.104～0.207	0.208～0.339	0.340～0.489	0.490～0.698

7.3.2　安徽省不同年代旱灾危险性时空分布

安徽省 1960～2016 年旱灾危险性空间分布见图 7-22，可知旱灾危险性在不同年代有不同的空间分布特征。20世纪60年代，安徽省各个区域旱灾危险性都非常高(均值0.512)，危险性最高值分布在安徽西北部(0.605)与西南部(0.635)，东南部危险性最低(0.396)。20世纪70年代，旱灾危险性从东南到西北呈现"高-低-高"空间分布。20世纪80年代，旱灾危险性高值区域分布在淮河以北(0.465)，整体上北高南低。20世纪90年代，安徽省中部区域旱灾危险性最高，从南到北呈现"低(0.033)–高(0.448)–低(0.181)"空间分布。21世纪头十年，该时间段旱灾危险性却出现了南部(0.661)高于北部(0.026)的空间分布特点，与其他年代的空间分布不同。2011~2016年，安徽省旱灾危险性呈中间高、南北低的分布特征，且旱灾危险性均值仅低于20世纪60年代。

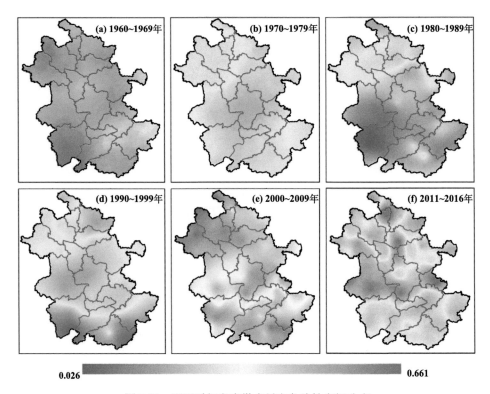

图 7-22　不同时间段安徽省旱灾危险性空间分布

7.3.3　安徽省农作物关键生长期旱灾危险性时空分布

农作物不同生长期对水分的敏感性不同，为了进一步分析旱灾危险性对农作物的影响，图7-23是1960~2016年安徽省3~8月农作物关键生长期农业旱灾危险性空间分布图，3~8月安徽省旱灾危险性均值达0.304，即有30.4%的区域发生了干旱,特别是 4 月、7~8 月的旱灾危险性高值区域面积占全省面积 1/2 以上。安徽省主要粮食作物为冬小麦和水稻,冬小麦 3 月中旬到 5 月上旬是拔节抽穗期,在这期间需水量较大,干旱对农作物影响大[62]。安徽省水稻在 7 月下旬到 8 月下旬是拔节抽穗期,在这期间如果发生干旱,极易造成严重的农业减产。根据安徽省的农业气候区划可将安徽省分为沿淮淮北、江淮和沿江江南 3 个农业气候区[63],按照农作物主栽区分布,沿淮淮北农业区主要分布冬小麦,江淮农业区为小麦、水稻混种区,沿江江南农业区为水稻主栽区。在小麦关键生长期 3~5 月中,4 月沿淮淮北农业区旱灾危险性最高。在江淮小麦、水稻混种区,3~8 月农作物关键生长期中,除 6 月外,其余月份都呈现高旱灾危险性。在水稻关键生长期 6~8月份,沿江江南水稻主栽区的旱灾危险性较低。

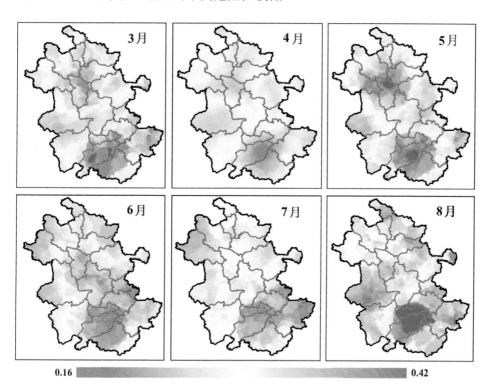

图 7-23　1960~2016 年安徽省 3~8 月农业旱灾危险性空间分布

　　由安徽省 2001~2016 年农业旱灾危险性均值空间分布[图 7-24(a)],可知安徽省旱灾危险性空间分布特点为:由南向北递减。在稳定性与变化趋势特征方面,结合安徽省 2001~2016 年农业旱灾危险性变异系数空间分布[图 7-24(b)],可知安徽省农业旱灾危险性变异系数整体上较高(0.551~2.865),表明安徽省旱灾危险性波动较大,稳定性较差。安徽省农业旱灾危险性变异系数存在由北向南减小的趋势，该特征与危险性均值分布呈现相反的变化趋势。安徽省北部区域虽然危险性均值较低，但偏差较大，该区域作为安徽省主要的粮食生产区域，其旱灾危险性稳定性较差，加大了该区域的旱灾危险程度。结合安徽省 2001～2016 年农业旱灾危险性趋势空间分布[图 7-24(c)]，可知安徽省中部和北部区域的危险性在增加，而安徽省南部区域旱灾危险性在减小。总体来看，安徽省南部区域旱灾危险程度高，其变异系数小，稳定性好，其旱灾危险性存在减小的趋势；安徽省北部区域旱灾危险程度低，其变异系数大，稳定性差，旱灾危险性存在增大的趋势。安徽省北部区域作为我国重要的粮食生产区，需要加强旱灾危险防范。

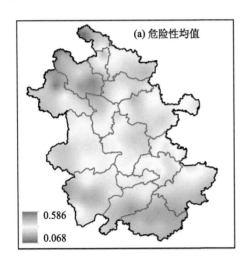
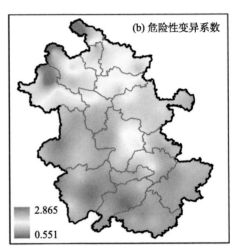
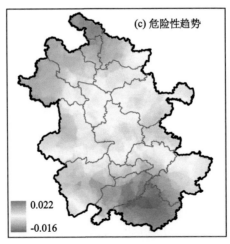

图 7-24　安徽省 2001～2016 年农业旱灾危险性均值、变异系数、趋势空间分布

7.3.4　安徽省旱灾脆弱性时空特征分析

图 7-25 为安徽省旱灾脆弱性各指标权重情况，复种指数(0.147)、人均水资源量(0.127)、农村居民纯收入(0.085)、人均 GDP(0.081)、人均粮食产量(0.075)、森林覆盖率(0.064)这 6 个指标权重较高，占整个指标权重的一半以上(57.9%)。

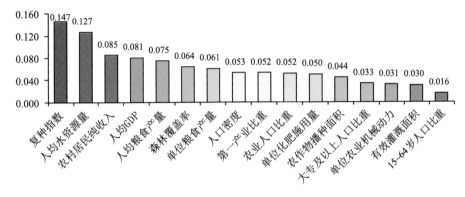

图 7-25　安徽省旱灾脆弱性指标权重

由安徽省 2001～2016 年农业旱灾脆弱性均值空间分布[图 7-26(a)]，可知安徽省旱灾脆弱性均值空间分布由北向南递减，呈现三级阶梯状分布，南部大部分区域脆弱性均值等级为低度脆弱性(0.540～0.593)，中部大部分区域脆弱性均值等级为中度脆弱性(0.594～0.637)，北部大部分区域脆弱性均值等级为高度脆弱性(0.638～0.700)。

在稳定性与变化趋势特征方面，结合安徽省 2001～2016 年农业旱灾脆弱性变异系数空间分布[图 7-26(b)]可发现，安徽省农业旱灾脆弱性变异系数整体上较低(0.04～0.371)，表明安徽省旱灾脆弱性波动较小，稳定性较好。安徽省农业旱灾脆弱性变异系数整体趋势是由北向南递增，与脆弱性均值分布正好相反，即脆弱性越高的区域其稳定性越好。结合安徽省 2001～2016 年农业旱灾脆弱性趋势空间分布[图 7-26(c)]可发现，安徽省各区域脆弱性趋势存在下降趋势，其中安徽省南部区域旱灾脆弱性下降趋势较大，而安徽北部区域旱灾脆弱性下降趋势不显著，整体旱灾脆弱性趋势从安徽省南部向北部递减。该特征与脆弱性均值分布相反，即脆弱性越低的区域其脆弱性下降越快，而脆弱性高的区域其脆弱性下降却不明显。总体来看，安徽省南部区域旱灾脆弱性程度低，变异系数大，波动较大，其旱灾脆弱性程度下降趋势明显；安徽省北部区域旱灾脆弱性程度高，变异系数小，波动较小，但旱灾脆弱性程度下降趋势不明显。

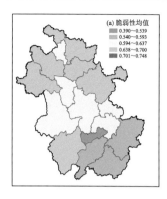 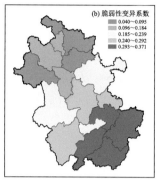 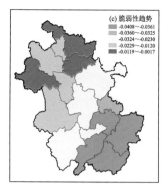

图 7-26　安徽省 2001~2016 年农业旱灾脆弱性均值、变异系数、趋势空间分布

　　图 7-27 为 6 个高权重指标的时空分布情况。在这 6 个指标中，复种指数和人均粮食产量为正向指标，其值越大脆弱性越高。安徽省复种指数平均值为 2.05，北部区域均值为 1.97，南部区域均值为 2.13。该指标值南高北低，会降低安徽省北部区域的旱灾脆弱性，增加安徽省南部区域的旱灾脆弱性，但其南北差异较小，对旱灾脆弱性结果的影响有限。安徽省人均粮食产量空间分布主要体现在南北差异上，一是北部区域人均粮食产量高 (0.589t)，南部区域人均粮食产量较低 (0.354t)；

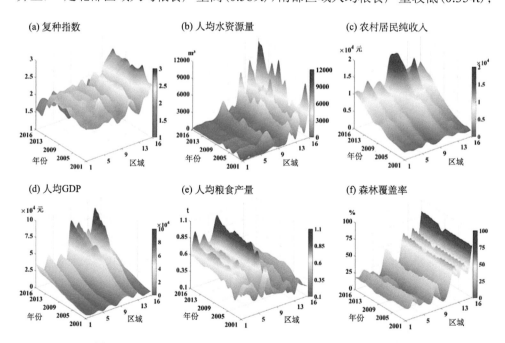

图 7-27　2001~2016 年安徽省旱灾脆弱性高贡献指标时空分布

横坐标表示地区，数字 1~16 为安徽省各地级市按地理位置从北到南排序

二是北部人均粮食产量的增长速度高于南部，这无疑加重了安徽省北部区域的旱灾脆弱性。人均水资源量、农村居民纯收入、人均 GDP、森林覆盖率为负向指标，其值越大脆弱性越小。这四个指标值都呈现南高北低，并且南北差异较大，在增长速度上南部区域也远远高于北部区域，其中安徽省北部人均水资源量呈现负增长，决定了安徽省旱灾脆弱性呈现由北向南递减的分布，这些指标南北区域增长速度上的差异也使安徽省南部区域旱灾脆弱性程度下降趋势更明显。

7.3.5　安徽省农业旱灾综合风险时空特征分析

由安徽省 2001～2016 年旱灾综合风险均值空间分布［图 7-28（a）］可发现，安徽省农业旱灾综合风险均值由西南向东北呈现"高（0.367）-低（0.084）-高（0.281）"分布，安徽省西南部的安庆市农业旱灾综合风险最高，其次是安徽省西北部的滁州市。在稳定性与变化特征方面，由安徽省 2001～2016 年旱灾综合风险变异系数空间分布［图 7-28（b）］可发现，安徽省农业旱灾综合风险变异系数整体较高（0.641～2.868），表明安徽省旱灾综合风险波动较大，稳定性较差，其中安徽省北部区域旱灾综合风险变异系数最大。结合安徽省 2001～2016 年农业旱灾综合风险趋势空间分布［图 7-28（c）］可发现，安徽省农业旱灾综合风险趋势由北（0.037）向南（–0.041）递减，安徽省北部区域的趋势为正值，说明安徽省北部的农业旱灾综合风险在增加，而安徽省南部区域农业旱灾综合风险趋势为负值，说明安徽省南部区域农业旱灾综合风险在减小。

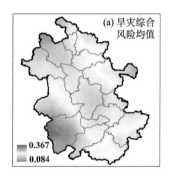

图 7-28　安徽省 2001～2016 年旱灾综合风险均值、变异系数、趋势空间分布

7.3.6　安徽省农业旱灾情况分析

本书收集了 2004～2016 年安徽省各地级市旱灾受灾面积与绝收面积数据。2004～2016 年安徽省受灾面积占播种面积的 9.27%，绝收面积占受灾面积的 6.69%，可见旱灾严重威胁安徽省的农业生产。2004～2016 年安徽省旱灾受灾面

积和绝收面积的演变趋势如图 7-29 所示，旱灾最严重的年份是 2013 年，2013 年安徽省夏季高温持续时间超过 40 天，而且发生多次干旱，农业损失严重，其受灾面积为 $1.79\times10^4km^2$，绝收面积达 $1.46\times10^3\ km^2$，且 2013 年也是旱灾综合风险最高的年份之一，其高等级以上旱灾综合风险区域面积仅次于 2005 年，但 2013 年旱灾综合风险高等级区域分布在安徽省北部农业主产区，导致了更为严重的旱灾损失。从线性趋势看，受灾面积与绝收面积都呈现下降趋势。

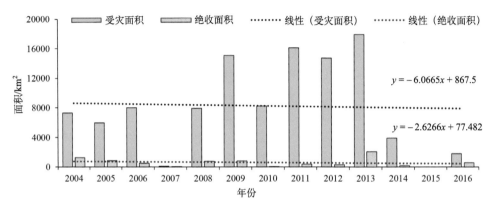

图 7-29　2004～2016 年安徽省农业旱灾受灾、绝收面积演变趋势

2004～2016 年安徽省各地级市的年均受灾面积和绝收面积如图 7-30 所示，亳州市年均受灾面积最大（1316.95 km²），滁州市年均绝收面积最大（111.4 km²），而铜陵市年均受灾面积（29.02 km²）和年均绝收面积（1.62 km²）均最小；整体上看，

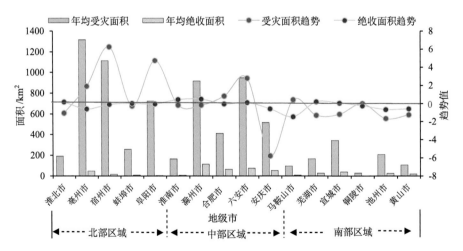

图 7-30　2004～2016 年安徽省各地级市年均受灾面积、绝收面积及趋势变化

安徽省旱灾受灾面积由北向南递减，长江以南的南部区域受灾面积最小；绝收面积为安徽省中部区域最大，南部区域和北部区域较小。安徽省各市受灾面积与绝收面积具有同步性，即受灾面积越大，其绝收面积也越大。从变化趋势来看，偏北部的城市受灾面积与绝收面积增加趋势显著，而偏南部的城市受灾面积与绝收面积呈现减小趋势，这与农业旱灾综合风险变化趋势一致。

　　图 7-31～图 7-33 为安徽省各市旱灾受灾率、绝收率与比率空间分布情况，柱状图纵坐标为受灾率(绝收率、比率)，横坐标为年份(2004～2016 年)。从受灾率看，安徽省受灾率呈现出北高南低的分布，表明安徽省北部更易受到旱灾影响，其与旱灾脆弱性均值分布一致。其中 2013 年各地级市旱灾受灾率最高，有 9 个地级市旱灾受灾率超过了 20%。在绝收率方面，安徽省各地级市旱灾绝收率差异较大，安徽省偏南部区域明显高于北部区域，表明安徽省南部在 2004～2016 年的干旱严重程度高于北部区域，其与旱灾危险性均值分布一致。在绝收与受灾比率上，2004 年合肥市、滁州市、芜湖市、黄山市，2005 年淮北市、芜湖市、黄山市，2013年合肥市和 2016 年合肥市的绝收与受灾比率超过了 20%，即发生旱灾的区域有超过 20%的区域出现了农作物绝收。将农业旱灾综合风险与绝收率、受灾率进行 Pearson 检验，结果显示：农业旱灾综合风险与绝收率、受灾率在 0.01 水平上显著相关。

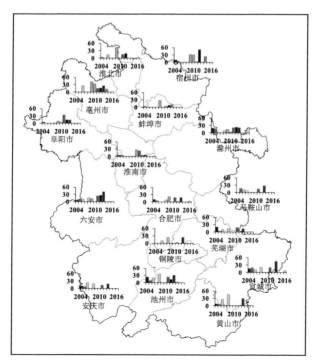

图 7-31　安徽省 2004～2016 年各市旱灾受灾率空间分布

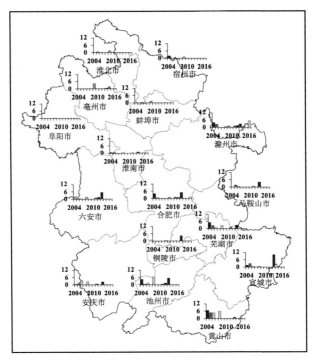

图 7-32　安徽省 2004～2016 年各市旱灾绝收率空间分布

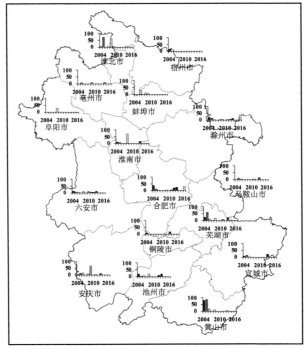

图 7-33　安徽省 2004～2016 年各市旱灾绝收与受灾比率空间分布

7.3.7 讨论

旱灾危险性在不同年代总体上是北高南低，但在 21 世纪头十年出现干湿反转，安徽省南部由湿润变得干旱，北部由干旱变得湿润。在全球气候变化的背景下，区域气候稳定性变差。安徽省地处长江、淮河中下游地区，为东亚季风湿润区与半湿润区的气候过渡区域，是南北气候、高低纬度和海陆相三种过渡带的重叠地区，是我国气候变化的敏感区，气候条件极为复杂[64]，导致旱灾危险性分布具有复杂性、多变性。

在 6 个高权重脆弱性指标中，人均水资源量、农村居民纯收入、人均 GDP、森林覆盖率、人均粮食产量这 5 个指标的空间分布与脆弱性均值空间分布一致，在这 5 个指标中，人均水资源量和森林覆盖率南北差异最大，而安徽省脆弱性主要体现在南北差异上，表明人均水资源量和森林覆盖率对安徽省旱灾脆弱性的影响更大。2001～2016 年旱灾危险性均值由南向北递减，2001～2016 年旱灾脆弱性均值由南向北递增，而 2001～2016 年旱灾综合风险均值由西南向东北呈现"高-低-高"分布，三者的空间分布差异较大，但在旱灾综合风险均值高值区域西南部和东北部也呈现高旱灾脆弱性，两者的空间分布更为接近，表明旱灾脆弱性对旱灾综合风险贡献更大。

计算得到旱灾受灾率和旱灾绝收率，发现旱灾受灾率与旱灾脆弱性均值分布一致，而旱灾绝收率与旱灾危险性均值分布一致，表明旱灾受灾率主要受旱灾脆弱性影响，而旱灾绝收率主要受旱灾危险性影响。在 2004～2016 年，安徽北部区域旱灾脆弱性更高，其受灾率更大，但是北部区域的旱灾绝收率却比南部区域低很多，这主要因为北部区域在 2004～2016 年的整体旱灾危险性要低于南部。南部区域虽然旱灾脆弱性更低，对旱灾的抵御能力更强，在严重干旱面前其作用有限，南部区域旱灾危险性更高，导致南部区域的绝收率更高。将农业旱灾综合风险与绝收率、受灾率进行 Pearson 检验，结果显示：农业旱灾综合风险与绝收率、受灾率在 0.01 水平上显著相关。

7.4 小 结

本章第一节基于气象数据、土壤墒情数据和遥感数据，综合了大气-植物-土壤相互作用所涉及的多元成因，构建了一个适用于淮河流域的综合遥感干旱监测模型，探讨淮河流域干旱时空演变规律。本章第二节基于 1961～2014 年安徽省 25 个气象站实测资料，采用线性趋势法、标准化降水蒸散指数(SPEI)、M-K 趋势检验及 Pearson 相关分析法分析了安徽省近 60 年的旱涝趋势、时空变化特征及其与 ENSO 的关系，并进一步揭示 ENSO 对安徽省农业生产的影响。本章第三节基

于气象站点和统计年鉴数据,使用机器学习算法对安徽省旱灾风险进行了评价。具体结论如下:

(1) 作物形态和绿度、土壤水分变化、作物冠层温度、植被水分变化等因子构建综合遥感干旱监测模型,利用土壤墒情和典型年份及统计年鉴中的旱灾成灾面积、受灾面积对综合遥感干旱监测模型的适用性进行评价,通过了 $p<0.01$ 的显著性检验,可综合反映出农业和气象干旱的复合信息。综合遥感干旱监测模型所呈现出来的干旱面积和干旱频率大都集中在 4~5 月和 7~9 月。淮河流域干旱面积和干旱频率大都集中在 4~5 月和 7~9 月,9 月受旱面积最大。河南省是淮河流域受旱频率最高的地区,其干旱面积占淮河流域多年平均干旱面积的比重最大(38%),其次是安徽省(22%)。淮河流域旱地和水田发生干旱的频率与淮河流域整体一致,但是旱地发生干旱频率高于水田发生干旱频率,淮河流域的安徽、河南部分都是小麦种植区域,所以应该加强对这部分地区的干旱监测及预警。基于综合遥感干旱监测模型对淮河流域干旱演变的分析得知,淮河流域 2 月、3 月和 5 月干旱会有减弱趋势,而 1 月、4 月和 6 月则有增强趋势。淮河流域小麦灌浆-成熟时期(4~6 月)缺水对小麦粮食产量影响巨大,结合淮河流域干旱趋势,需加强 4 月份对淮河流域小麦的干旱监测。

(2) 洪涝发生在 ENSO 事件年的比重大于干旱发生在 ENSO 事件年的比重,安徽省大部分地区 50%以上的洪涝均发生在 ENSO 年,而安徽省大部分地区发生在 ENSO 年的干旱也超过了 40%。在与 ENSO 事件有关年份安徽省旱涝发生频率高,且干旱受 El Niño 次年及 La Niña 年影响大,洪涝受 El Niño 当年影响更大。在时间变化上,近 60 年来,安徽省变湿趋势增强。在季尺度上,春季、秋季 SPEI 波动幅度大于夏和冬季,春季呈干旱化趋势。在月尺度上,4~6 月安徽省大部分地区呈干旱化趋势,皖南地区趋势变化较皖北地区明显;1~3 月和 7~9 月大部分地区呈湿润化趋势,皖南地区趋势变化较皖北地区明显;10~12 月皖北地区趋于湿润,而皖南地区趋于干旱。与皖北地区相比较,皖南地区各月份趋势变化大,即皖南地区的降水在各月份分布极端不均匀。

(3) 在安徽省大部分地区,ENSO 事件旱涝指数呈显著性相关,其中 El Niño 和 La Niña 事件与安徽省旱涝相关性显著的地区存在差异。与 El Niño 事件相关性显著的地区主要位于皖西北局部、皖北东部及皖南大部分地区,与 La Niña 事件相关性显著的地区位于皖北及皖东南局部。安徽省旱涝对 ENSO 事件的响应存在一定的滞后性,在之后的三个月,安徽省旱涝指数对 SSTA 的响应在逐渐增强。随着滞后性月份的增加,安徽省各区域的旱涝指数与 SSTA 的相关系数逐渐增大,而且相关关系强度由南往北递减,说明皖南地区与 SSTA 相关性大于皖北地区。区域的旱涝指数与 SSTA 在滞后 3 个月时,安徽省各区域的旱涝指数与 SSTA 的相关性最强,表明 SSTA 对未来 3 个月皖南旱涝有明显的影响。

(4)近 20 年皖北、皖南地区稻、麦减产主要发生在 ENSO 事件年或者前一年，且减产率高。皖北地区和江淮地区的小麦减产发生次数较少，小麦减产率较大，而皖南地区小麦减产发生年份较多，小麦减产率较小。ENSO 对农业生产的影响与旱涝分布状况有关，江淮地区良好的灌溉条件会降低 ENSO 年农业旱涝受灾风险。

(5)安徽省不同年代旱灾危险性空间分布变化较大，在 21 世纪头十年，安徽省南部与北部出现干湿反转，南部旱灾危险性超过北部。从 20 世纪 60 年代到 80 年代旱灾危险性呈现快速下降趋势，旱灾危险性从 20 世纪 60 年代的 0.513 降至 80 年代的 0.181，80 年代之后，旱灾危险性缓慢上升。农作物关键生长期 3~8 月安徽省旱灾危险性均值达 0.304，即有 30.4%的区域发生了干旱，特别是 4 月、7~8 月的旱灾危险性高值区域面积占全省面积 1/2 以上，而 3 月中旬至 5 月上旬是冬小麦的拔节-抽穗期，7~8 月是水稻的拔节期和抽穗期，在这期间安徽省发生干旱极易造成严重损失。

(6)2001~2016 年安徽省旱灾危险性整体上由南向北递减，年际变化较大，危险性变异系数高(0.551~2.865)，表明安徽省旱灾危险性波动较大，稳定性较差。安徽南部区域旱灾危险性存在减小的趋势，而安徽北部区域作为我国重要的粮食生产区，其旱灾危险性存在增大的趋势。2001~2016 年安徽省旱灾脆弱性整体上由南向北递增，脆弱性变异系数低(0.04~0.371)，表明安徽省旱灾脆弱性波动较小，稳定性较好。安徽省各个区域脆弱性存在下降趋势，其中安徽省南部区域旱灾脆弱性下降趋势较大，而安徽省北部区域旱灾脆弱性下降趋势不显著。脆弱性指标中复种指数(0.147)、人均水资源量(0.127)、农村居民纯收入(0.085)、人均 GDP(0.081)、人均粮食产量(0.075)、森林覆盖率(0.064)这 6 个指标权重最高，占整个指标权重的一半以上(57.9%)。

(7)2001~2016 年安徽省农业旱灾综合风险均值达到中等级(0.208~0.339)，旱灾综合风险均值由西南向东北呈现"高(0.367)-低(0.084)-高(0.281)"分布。安徽省农业旱灾综合风险变异系数高(0.641~2.868)，表明安徽省旱灾综合风险波动较大，稳定性较差。安徽省北部的农业旱灾综合风险存在上升趋势，南部区域农业旱灾综合风险存在减小趋势。旱灾受灾率呈现出北高南低的分布，与旱灾脆弱性均值分布一致。旱灾绝收率呈现南高北低的分布，与旱灾危险性均值分布一致。

参 考 文 献

[1] Wan Z M, Dozier J. A generalized split-window algorithm for retrieving land-surface temperature from space[J]. IEEE Transactions on Geoscience and Remote Sensing, 1996, 34(4): 892-905.

[2] Vicente-Serrano S M, Beguería S, López-Moreno J I. A multiscalar drought index sensitive to global warming: the standardized precipitation evapotranspiration index[J]. Journal of Climate, 2010, 23(7): 1696-1718.

[3] 牟伶俐. 农业旱情遥感监测指标的适应性与不确定性分析[D]. 北京: 中国科学院研究生院（遥感应用研究所）, 2006.

[4] Seo D J, Park C H, Park J H, et al. A search for the optimum combination of spatial resolution and vegetation indices//Proceedings of the IGARSS'98. Sensing and Managing the Environment. 1998 IEEE International Geoscience and Remote Sensing. Symposium Proceedings[J]. Seattle, WA, USA: IEEE, 1998: 1729-1731.

[5] 陈维英, 肖乾广, 盛永伟. 距平植被指数在 1992 年特大干旱监测中的应用[J]. 环境遥感, 1994, 9(2): 106-112.

[6] 刘良明. 基于 EOS MODIS 数据的遥感干旱预警模型研究[D]. 武汉: 武汉大学, 2004.

[7] 孙灏, 陈云浩, 孙洪泉. 典型农业干旱遥感监测指数的比较及分类体系[J]. 农业工程学报, 2012, 28(14): 147-154.

[8] Xu K, Yang D W, Yang H B, et al. Spatio-temporal variation of drought in China during 1961-2012: A climatic perspective[J]. Journal of Hydrology, 2015, 526: 253-264.

[9] Jong R D, Bruin S D, Wit A D, et al. Analysis of monotonic greening and browning trends from global NDVI time-series[J]. Remote Sensing of Environment, 2011, 115(2): 692-702.

[10] Alcaraz-Segura D, Liras E, Tabik S, et al. Evaluating the consistency of the 1982-1999 NDVI trends in the iberian peninsula across four time-series derived from the AVHRR Sensor: LTDR, GIMMS, FASIR, and PAL-II[J]. Sensors, 2010, 10(2): 1291-1314.

[11] Hill M J, Donald G E. Estimating spatio-temporal patterns of agricultural productivity in fragmented landscapes using AVHRR NDVI time series[J]. Remote Sensing of Environment, 2003, 84(3): 367-384.

[12] 李阿伦, 杨卫中, 卢娟. 区域墒情的空间分析方法与应用[J]. 中国农学通报, 2012, 28(21): 311-316.

[13] 马瑞昆, 蹇家利, 贾秀领, 等. 供水深度与冬小麦根系发育的关系[J]. 干旱地区农业研究, 1991, 3: 1-10.

[14] 刘荣花, 朱自玺, 方文松, 等. 冬小麦根系分布规律[J]. 生态学杂志, 2008, 27(11): 2024-2027.

[15] Panu U S, Sharma T C. Challenges in drought research: Some perspectives and future directions[J]. Hydrological Sciences Journal, 2002, 47(S1): S19-S30.

[16] Mannocchi F, Francesca T, Vergni L. Agricultural drought: Indices, definition and analysis[J]. IAHS-AISH Publication, 2004, 286: 246-254.

[17] 刘宪锋, 朱秀芳, 潘耀忠, 等. 农业干旱监测研究进展与展望[J]. 地理学报, 2015, 70(11): 1835-1848.

[18] Mishra A K, Singh V P. A review of drought concepts[J]. Journal of Hydrology, 2010, 391(1/2): 202-216.

[19] Hunt E R, Rock B N. Detection of changes in leaf water content using near-and middle-infrared reflectances[J]. Remote Sensing of Environment, 1989, 30(1): 43-54.

[20] Chen H P, Sun J Q. Changes in drought characteristics over china using the standardized precipitation evapotranspiration index[J]. Journal of Climate, 2015, 28(13): 5430-5447.

[21] 马晓群, 马玉平, 葛道阔, 等. 淮河流域农作物旱涝灾害损失精细化评估[M]. 北京: 气象出版社, 2016: 62-63.

[22] 朱益民, 杨修群, 陈晓颖, 等. ENSO 与中国夏季年际气候异常关系的年代际变化[J]. 热带气象学报, 2007, 23(5): 105-116.

[23] Bronnimann S. Impact of El Niño-Southern Oscillation on European climate[J]. Reviews of Geophysics, 2007, 45(3): RG3003.

[24] 任福民, 袁媛, 孙丞虎, 等. 近 30 年 ENSO 研究进展回顾[J]. 气象科技进展, 2(3): 17-24.

[25] 李崇银, 穆穆. ENSO 机理及其预测研究[J]. 大气科学, 2008, 32(4): 761-781.

[26] Zhang Q, Wang Y, Singh V P, et al. Impacts of ENSO and ENSO Modoki+A regimes on seasonal precipitation variations and possible underlying causes in the Huai River basin, China[J]. Journal of Hydrology, 2016, 533: 308-319.

[27] 叶正伟, 许有鹏, 潘光波. 江淮下游汛期降水与 ENSO 冷暖事件的关系[J]. 地理研究, 2013, 32(10): 1824-1832.

[28] 王绍武, 龚道溢. 近百年来的 ENSO 事件及其强度[J]. 气象, 1999, 25(1): 9-13.

[29] 宗海锋, 陈烈庭, 张庆云. ENSO 与中国夏季降水年际变化关系的不稳定性特征[J]. 大气科学, 2010, 34(1): 184-192.

[30] 刘永强, 丁一汇. ENSO 事件对我国季节降水和温度的影响[J]. 大气科学, 1995, 19(2): 200-208.

[31] 许武成, 马劲松, 王文. 关于 ENSO 事件及其对中国气候影响研究的综述[J]. 气象科学, 2005, 25(2): 212-220.

[32] Chen Y L, Zhao Y P, Feng J Q, et al. ENSO cycle and climate anomaly in China[J]. Chinese Journal of Oceanology and Limnology, 2012, 30(6): 985-1000.

[33] 杨亚力, 杜岩, 陈海山, 等. ENSO 事件对云南及临近地区春末初夏降水的影响[J]. 大气科学, 2011, 35(4): 729-738.

[34] 李芬, 张建新, 郝智文, 等. 山西降水与 ENSO 的相关性研究[J]. 地理学报, 2015, 70(3): 420-430.

[35] Shuai J, Zhang Z, Tao F, et al. How ENSO affects maize yields in China: Understanding the impact mechanisms using a process-based crop model[J]. International Journal of Climatology, 2016, 36(1): 424-438.

[36] Zhang Q, Zeng J, Zhang L Y. Characteristics of land surface thermal-hydrologic processes for different regions over North China during prevailing summer monsoon period[J]. Science China: Earth Sciences, 2012, 55(1): 1-9.

[37] 张爱民, 马晓群, 杨太明, 等. 安徽省旱涝灾害及其对农作物产量影响[J]. 应用气象学报, 2007, 18(5): 619-626.

[38] 赵亮, 邹力, 王成林, 等. ENSO 年东亚夏季风异常对中国江、淮流域夏季降水的影响[J]. 热带气象学报, 2006, 22(4): 360-366.

[39] 张秉伦, 王成兴, 曹永忠. 厄尔尼诺与江淮流域旱涝灾害的关系[J]. 自然杂志, 1998, 20(5): 289-293.

[40] 曾婷, 杨东, 朱小凡, 等. ENSO 事件对安徽省气候变化和旱涝灾害的影响[J]. 中国农学通报, 2015, 31(1): 215-223.

[41] Zhang Q, Sun P, Singh V P, et al. Spatial-temporal precipitation changes (1956–2000) and their implications for agriculture in China[J]. Global and Planetary Change, 2012, 82-83: 86-95.

[42] Storch V H. Misuses of statistical analysis in climate research//Storch H V, Navarra A. Analysis of Climate Variability: Application of Statistical Techniques[M]. Berlin: Springer-Verlag, 1995: 11-26.

[43] Sanjiv K, Venkatesh M, Jonghun K, et al. Streamflow trends in Indiana: Effects of long term persistence, precipitation and subsurface drains[J]. Journal of Hydrology, 2009, 374(1-2): 171-183.

[44] Kulkarni A, Stroch V H. Monte Carlo experiments on the effect of serial correlation on the Mann-Kendall test of trend[J]. Meteorologische Zeitschrift, 1995, 4(2): 82-85.

[45] 朱自玺, 刘荣花, 方文松, 等. 华北地区冬小麦干旱评估指标研究[J]. 自然灾害学报, 2011, 12(1): 145-150.

[46] 唐晓春, 袁中友. 近60年来厄尔尼诺事件对广东省旱灾的影响[J]. 地理研究, 2010, 29(11): 1933-1934.

[47] 李伟光, 易雪, 侯美亭, 等. 基于标准化降水蒸散指数的中国干旱趋势研究[J]. 中国生态农业学报, 2012, 20(5): 643-649.

[48] 段莹, 王文, 蔡晓军. PDSI、SPEI 及 CI 指数在 2010/2011 年冬、春季江淮流域干旱过程的应用分析[J]. 高原气象, 2013, 32(4): 1126-1139.

[49] James H S, Lena M T, Lukas G, et al. Candidate distributions for climatological drought indices (SPI and SPEI) [J]. International Journal of Climatology, 2015, 35(13): 4027-4040.

[50] Yang C G, Yu Z B, Hao Z C, et al. Impact of climate change on flood and drought events in Huaihe River basin, China[J]. Hydrology Research, 2012, 43(1/2): 14-22.

[51] 金菊良, 张浩宇, 陈梦璐, 等. 基于灰色关联度和联系数耦合的农业旱灾脆弱性评价和诊断研究[J]. 灾害学, 2019, 34(1): 1-7.

[52] 刘兰芳, 刘盛和, 刘沛林, 等. 湖南省农业旱灾脆弱性综合分析与定量评价[J]. 自然灾害学报, 2002, 4: 78-83.

[53] 商彦蕊. 河北省农业旱灾脆弱性动态变化的成因分析[J]. 自然灾害学报, 2000, 1: 40-46.

[54] 杨春燕, 王静爱, 苏筠, 等. 农业旱灾脆弱性评价——以北方农牧交错带兴和县为例[J]. 自然灾害学报, 2005, 6: 88-93.

[55] 杨彬云, 吴荣军, 郑有飞, 等. 河北省农业旱灾脆弱性评价[J]. 安徽农业科学, 2008, 36(15): 6499-6502.

[56] 程静, 杜震. 2000—2016 年农业旱灾脆弱性研究动态及展望——基于文献计量方法[J]. 世界农业, 2017, 6: 47-52, 75.

[57] 商彦蕊. 河北省农业旱灾脆弱性区划与减灾[J]. 灾害学, 2001, 3: 29-33, 37.

[58] Breiman L. Random forest[J]. Machine Learning, 2001, 45: 5-32.

[59] Iverson L R, Prasad A M, Matthews S N, et al. Estimating potential habitat for 134 eastern US tree species under six climate scenarios[J]. Forest Ecology and Management, 2007, 254(3): 390-406.

[60] 李建更, 高志坤. 随机森林针对小样本数据类权重设置[J]. 计算机工程与应用, 2009, 45(26): 131-134.

[61] Zhang Q, Sun P, Li J F, et al. Assessment of drought vulnerability of the Tarim River basin, Xinjiang, China[J]. Theoretical and Applied Climatology, 2014, 121(1-2): 337-347.

[62] 孔令聪, 胡永年, 李静. 新形势下安徽省粮食生产科技任务分析[J]. 安徽科技, 2013,(10): 26-28.

[63] 许莹, 马晓群, 田晓飞, 等. 安徽省冬小麦和一季稻分时段水分敏感性研究[J]. 中国农学通报, 2011, 27(24): 33-39.

[64] 张强, 孙鹏, 程辰, 等. ENSO 影响下安徽省旱涝灾害及农业生产损失时空变化特征[J]. 水资源保护, 2016, 32(6): 6-18.